酷炫的化学反应

[英] 克丽丝塔 · 韦斯特 ◎ 著

于 捷 ◎ 译

上海科学技术文献出版社
Shanghai Scientific and Technological Literature Press

图书在版编目（CIP）数据

化学在行动．酷炫的化学反应 /（英）克丽丝塔·韦斯特著；于健译．—上海：上海科学技术文献出版社，2025.
—ISBN 978-7-5439-9160-6

Ⅰ．O6-49

中国国家版本馆 CIP 数据核字第 2024SL1566 号

Chemical Reactions

A Brown Bear Book

Devised and produced by Brown Bear Books Ltd, Unit G14, Regent House, 1 Thane Villas, London, N7 7PH, United Kingdom

Chinese Simplified Character rights arranged through Media Solutions Ltd Tokyo Japan email: info@mediasolutions.jp, jointly with the Co-Agent of Gending Rights Agency (http://gending.online/).

图字：09-2022-1060

责任编辑：姜　曼
助理编辑：仲书怡
封面设计：留白文化

化学在行动．酷炫的化学反应
HUAXUE ZAI XINGDONG. KUXUAN DE HUAXUE FANYING
[英]克丽丝塔·韦斯特　著　于　健　译
出版发行：上海科学技术文献出版社
地　　址：上海市淮海中路 1329 号 4 楼
邮政编码：200031
经　　销：全国新华书店
印　　刷：商务印书馆上海印刷有限公司
开　　本：889mm×1194mm　1/16
印　　张：4.25
版　　次：2025 年 1 月第 1 版　2025 年 1 月第 1 次印刷
书　　号：ISBN 978-7-5439-9160-6
定　　价：35.00 元
http://www.sstlp.com

目录

1 什么是化学反应

是什么把食物变成能量，把煤变成火，把铁变成铁锈？答案是化学反应。化学反应每时每刻在我们周围发生，甚至在我们的身体里都有化学反应。

如果没有化学反应，世界将会变得无聊透顶。化学反应是将一种物质变为另一种物质的过程。有些反应是自然发生的，例如人类消化食物或金属物品生锈。有些反应是人们为了改善生活而人为产生的。例如，我们燃烧燃料为汽车发动机提供动力。

化学反应涉及物质和能量之间的相互作用。科学家把构成宇宙间一切物体的实物称为物质。岩石、水和空气都是由物质构成的。能量是物质运动的一种度量，它以某种方式移动或重塑物质。热、光和电都是能量的类型。在化学反应中，物质通过能量进行重组。

内部物质

地球上的所有物质都是由元素组成的。元素是组成物质的基本单位。所有元素都是由原子构成的。原子是

所有的化学反应都涉及变化。燃烧是将煤或石油等化学物质转化为可用于驱动发动机或提供能量的一种方式。

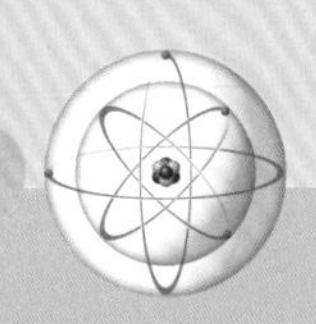

化学在行动

日常化学

利用化学反应，化学家创造了无数我们日常使用的产品。环顾你的家，你一定会看到很多例子。塑料是由不同类型的化学品组合而成的。肥皂是由脂肪物质利用化学反应制成的。食谱告诉我们如何使用化学反应来烹饪食物。化学反应无处不在。

◀ 人们利用洗洁精的化学反应来清洗锅和盘子上的油脂。

一种元素能保持其化学性质的最小单位。原子确实可以被分成更小的部分，但它们具有其他属性。人们用一个或两个字母的符号来表示每种元素。

原子经常以简单的组合形式出现，称为分子。一种纯物质只由一种类型的分子（或化学物质）组成，它由一个分子式来表示。该分子式表示每个元素有多少个原子参与。氢气（H_2）是最简单的分子之一。这个分子式表示，该分子包含两个氢原子（H）。水的分子式是H_2O表示两个氢原子与一个氧原子（O）相连。

化学反应成分

在一个化学反应中，开始时使用的物质称为反应物，产生的新物质称为生成物。人们把反应物和生成物写成化学方

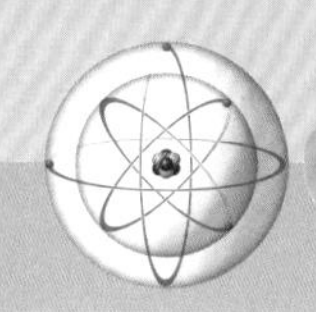

程式。所有的化学方程式都遵循相同的格式，即反应物⟶生成物。方程中用数字表示每种物质的数量。箭头表示已经发生了化学反应，并产生了新的东西。

当二氧化碳（CO_2）形成时，就发生了一个简单的化学反应。这个分子中含有碳和氧原子。这两种原子结合在一起，产生二氧化碳。这个反应的方程式是这样的：

$$C + O_2 \xrightarrow{\text{燃烧}} CO_2。$$

一个平衡的化学方程式准确地显示了反应物和生成物在反应中的数量。人们通过配平方程来确定产生新物质需要的反应物数量。方程式配平是指反应物的原子数与生成物的原子数相同。

关键词

- **原子：**原子是化学反应不可再分的最小微粒。
- **化学反应：**指分子破裂成原子，原子重新排列组合生成新分子的过程，该过程还伴有能量的变化。
- **元素：**在化学上不能再分解成更简单的物质。

亚原子粒子

亚原子粒子是构成原子的更小单位，它们是参与化学反应的部分。原子的中心是原子核。

◀ 烤箱和灶台使用天然气做燃料。这种气体的主要成分是甲烷——一种由碳原子和氢原子组成的分子的物质，它在燃烧时释放大量的热量。燃烧是在甲烷与氧气反应时发生的，这个反应的生成物是二氧化碳和水。

▼ 这个反应的方程式（如下）是平衡的：每一种原子的数量在箭头左右两边都是相等的。

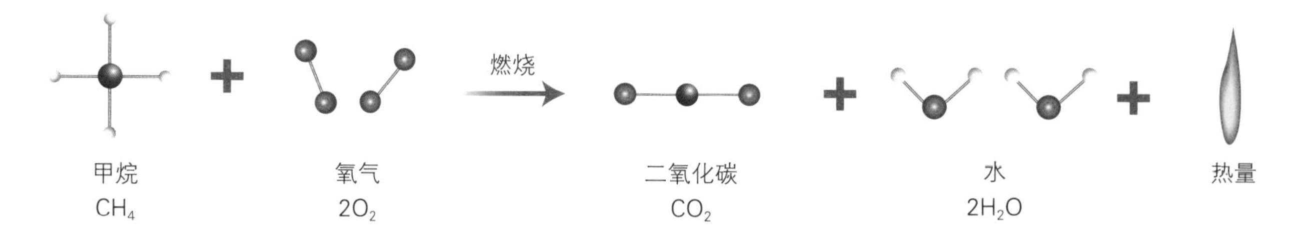

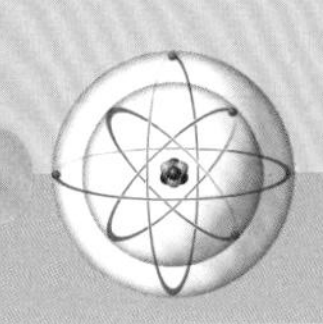

工具和技术

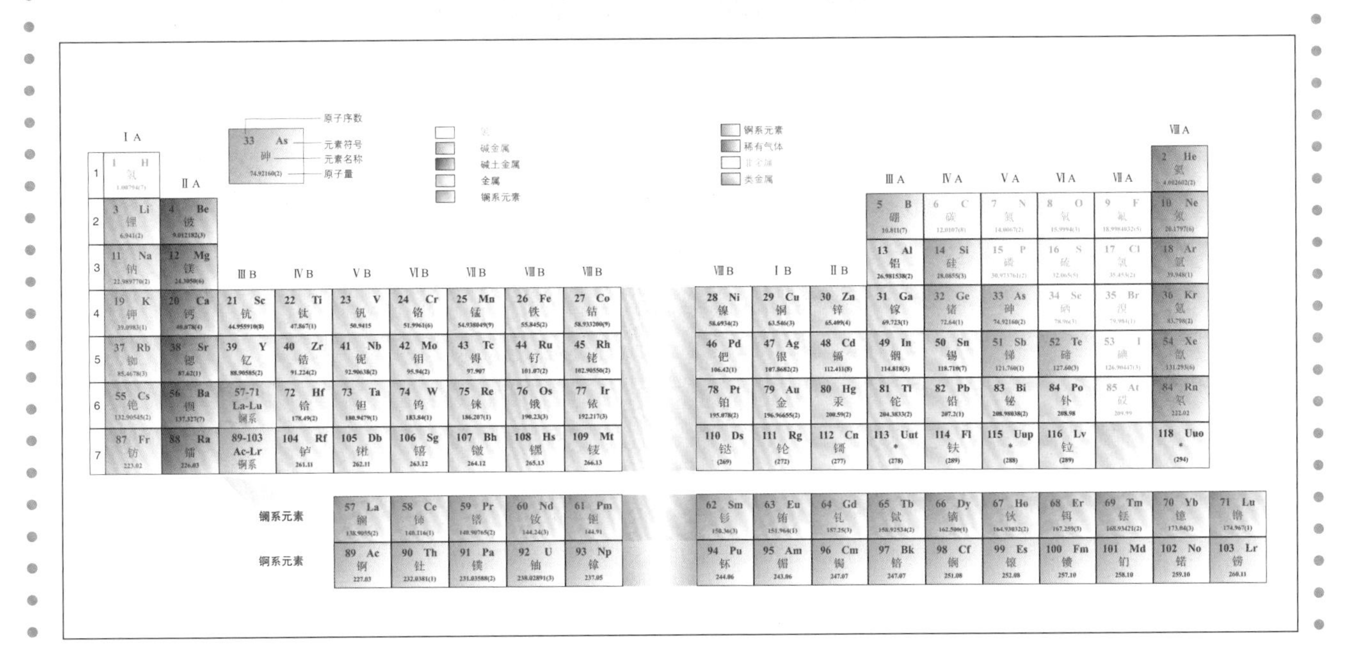

▲ 元素周期表。人们可以通过一个元素在表中的位置来判断这个元素的性质和原子结构。

元素周期表

元素周期表是最有力的化学工具之一，也是人们最常查阅的资料。元素周期表是一个有序的列表，它提供了单个元素和一组元素的信息。表中的纵列被称为分族。每个分族的成员化学性质相似。

每个分族都有一些已知的属性。例如，周期表左边的那一列被称为碱金属。这些是非常活跃的元素，如钠和钾。人们只需查阅元素周期表而不用记住每一种元素的属性。

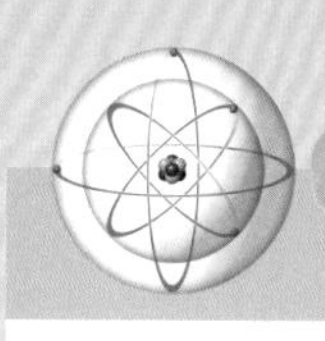

▶ 糖晶体。两种无形的气体（氢气和氧气）以及一种在特定状态下能形成钻石的元素（碳），是如何奇妙地结合，创造出一种有甜味的物质。这就是化学家们所研究的问题。

原子核是一个密度极大的球，由质子和中子两种微粒构成。带正电的粒子称为质子，中性（不带电）的粒子被称为中子。

相反的电荷相互吸引，而相同的电荷相互排斥。原子核中带正电的质子吸引带负电的电子。

电子是围绕原子核旋转的粒子，它比质子小得多。正是电子使一个原子能够与其他原子相结合。两个原子的电子如何相互作用决定了形成哪种类型的化学键。原子可以得到、失去或共享电子，从而在两个或更多的原子之间形成化学键。在化学反应过程中，连接一些原子的键断裂，新的键在原子之间形成。

当不同元素的原子结合时，它们会产生一种叫作化合物的物质。化合物往往与产生它们的反应物大相径庭。例如，糖是碳、氢和氧的化合物。纯氢和纯氧都是气体，纯碳构成钻石或石墨（即用作铅笔芯的物质）。这些元素一起形成了许多被称为碳水化合物的物质，其中包括被称为糖的甜味晶体。

内部能量

能量是化学反应的一个重要部分。破坏一个化学键需要能量，而当另一个化学键形成时，又会释放出能量。热是化学反应中经常涉及的一种能量。有些化学反应会吸收热量，有些会释放热量，如燃烧燃料。

信息汇总

当化合物发生化学反应时，能量作用于原子之间的键，使其重新排列。例如，考虑一下这个化学方程式：$AB+C \longrightarrow A+BC$。

元素A和B结合在一起形成AB化

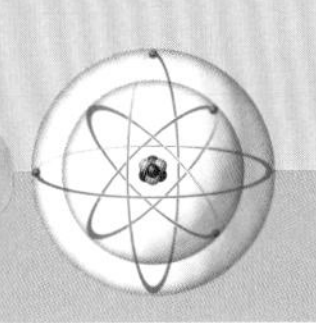

近距离观察

化学与生命

没有化学反应，生命就不可能存在。与所有生命体一样，人体也是由化学反应提供能量的。当你呼吸时，你会吸入氧气（O_2）。当你吃东西时，你的胃从食物中提取有用的化学物质，例如糖。氧气与你体内的糖类反应，产生二氧化碳（CO_2）和水（H_2O）。人们称这种化学反应为呼吸作用。该反应分解糖类并释放能量，使身体保持活力。你每次呼吸都会呼出呼吸作用的生成物。

植物以相反的方式完成同样的化学反应，这个过程称为光合作用。它们吸收二氧化碳和水，并利用阳光中的能量来产生氧气和有机物质。

▲ 人类从食物中获得能量。这些能量被用于驱动其他化学反应，而这些化学反应推动身体运动。植物也使用呼吸作用来释放能量，但它们也通过光合作用做相反的事情。光合作用发生在植物的叶子里。

合物。AB化合物和C是反应物。在反应过程中，A和B之间的键断裂，B和C之间建立了一个键。A和BC化合物是生成物。

在这个反应中，一个化学键断裂，两个不同的原子之间形成了一个新的键。原子本身并没有改变，例如，A并没有变成D。该反应只改变了元素的连接方式。

2 化学键

化学键让原子以不同的组合形式结合在一起。原子之间的键如何形成取决于该原子的电子数量和电子位置。

当原子得到、失去或共享电子时，就会形成化学键。有三种类型的化学键：离子键、共价键和金属键。原子之间形成化学键的类型取决于原子中拥有多少个电子以及它们是如何排列的。

电子位置

原子中电子的位置是决定该原子如何形成键的一个因素。人们用两种模型来解释电子在原子中的位置——

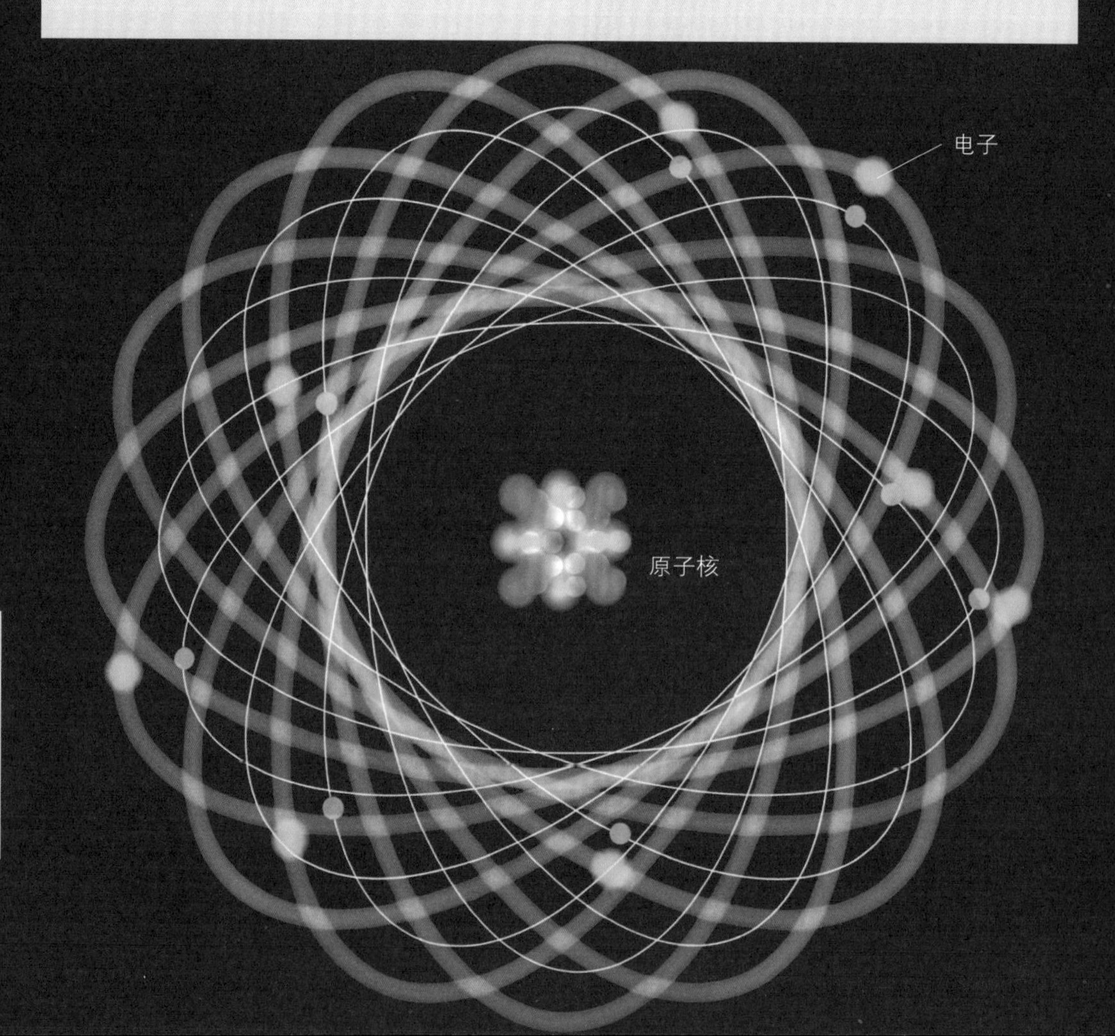

原子核集中了原子的大部分质量。电子围绕原子核运动，是参与化学反应的粒子。

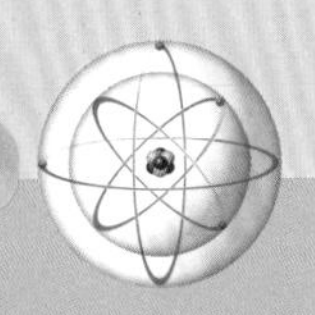

玻尔模型和量子力学模型。

玻尔模型描述了电子围绕原子核运行的情况，就像行星围绕太阳运行一样。当电子围绕原子核运行时，它们被原子核的吸引力固定住了。原子带正电荷，吸引电子的负电荷。这种原子模型对模拟简单的原子效果很好，例如氢气。

量子力学模型更现代化、更精确。它将原子核周围的空间称为“电子云”，电子就在“电子云”中移动。我们不可能确切地知道每个电子的位置，或者它在云中移动的速度快慢。但是，它们的平均位置可以被计算出来。量子力学模型比玻尔模型更复杂，它更准确地描述了原子的组合方式。

能级

在这两个模型中，电子处于不同的能级上。能级决定了一个电子是否能参与化学反应并形成化学键。在离原子核最远的能级上的电子最有可能参与反应，因为它们受到原子核的引力最小。

原子可以有几个能级。最接近原子核的能级只能容纳两个电子，人们把这称为最低能级。离原子核较远的能级可以容纳两个以上的电子。电子需要更多的能量才能处于外围的能级中。

这些能级有时被称为轨道，这是电子围绕原子核运行的区域，人们也把它们描述为“电子壳层”，因为它们可以被当作围绕原子核的层或壳。

人物简介

约翰·道尔顿

英国化学家约翰·道尔顿（1766—1844）因其原子理论而闻名，这套基本理论解释了原子移动的方式，阐述了原子是如何相互结合的。道尔顿的理论中有四条今天仍然是正确的：（1）所有物质都是由原子组成的；（2）一种元素中的所有原子都是一样的；（3）原子结合形成化合物；（4）原子在化学反应中被重新排列。只有“原子不能被分割成更小的颗粒”理论是错误的。我们现在知道，原子可以被细分。

▲ 约翰·道尔顿从沼泽中收集甲烷。他在实验中使用了这些甲烷。

电子数

原子中的电子数是决定该原子如何反应和形成键的另一个因素。当一个原子的电子壳层中充满电子时，它是最稳定的（不活泼），不会轻易得到、失去或共享电子。正因为如此，该原子不会参与化学反应并形成键。

电子首先充满内层电子壳层。能量最低的电子壳层仅有两个电子的空间。氦原子有两个电子，这些电子填充了里层电子壳层。这使得氦原子很稳定。因为它的电子壳层是满的，所以它既不得电子、失电子，也不共享电子。

较大的原子有两层或更多层的电子壳层。外电子壳层比第一层大，需要八个电子才能变得稳定。当组成原子的最外电子壳层有八个电子时，它们便会趋向稳定，这一理论被称为八隅规则。这一规则推动了化学反应，因为原子会相互反应，直到

近距离观察

物质的状态

物质有三种状态——固体、液体和气体。每种状态都取决于原子或分子的排列。物质通过被加热或冷却从一种状态变为另一种状态。固体是紧密排列的原子组或分子组。原子和分子可以来回振动，但它们不能相互变换位置。当固体被加热时，它会融化成液体。液体是原子或分子的集合体，其分子排列没有固体那么紧密。这些分子之间有足够的空间可以相互流动。加热液体会使其沸腾成气体。气体是一组快速运动的原子或分子，它们彼此完全分离，并向各个方向扩散。固体有一个固定的形状，液体具有其容器的形状，而气体则散开并充满所有可用的空间。

缓慢移动的原子挤在一起

固体

加热

冷却

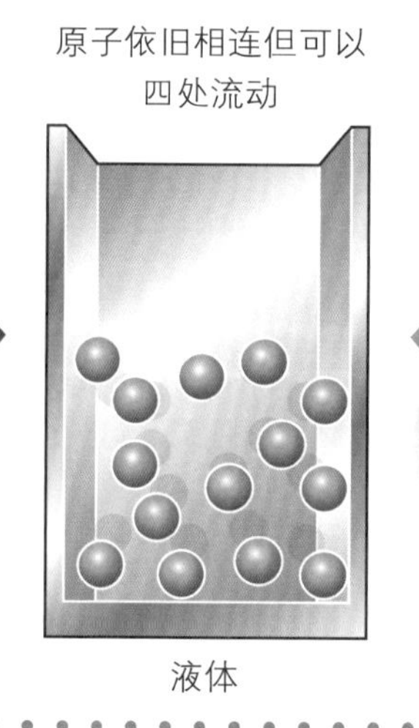

冷却

加热

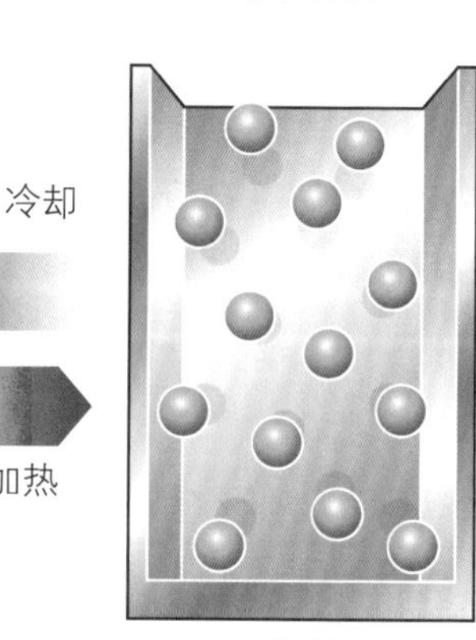

▶ 当原子被加热时，它会运动得更快。这种运动导致化学键断裂，物质的状态改变。

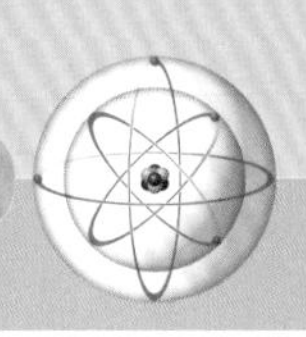

它们变得稳定。

稳定的原子是不活泼的。外电子壳层不完整的原子会得、失电子或共享电子，以填充其能级。这些原子是活泼的，因为它们参与了化学反应。外层有一个电子的原子容易失电子，有六个或七个的原子容易得电子填充外电子壳层。

当原子得电子、失电子或共享电子时，化学键就会形成。化学反应就是利用化学键的断裂和形成来创造新的分子。

原子和化学键

原子天然带有中性电荷。原子核中的正电质子平衡了负电电子。由于电子的位置和数量不同，一些原子比其他原子更容易形成键。基于这种成键能力，所有的元素可以被分为三个基本类型：金属、非金属和类金属。

金属原子只有几个外层电子，在化学反应中金属原子通常会失去电子。大多数元素属于金属，它们具有某些特性：固体、有光泽并能导电。一块固体金属包含许多自由电子，这些电子能够在金属中自由移动。这些电子就像电荷的跳板机，允许电荷在金属固体中移动。这

关键词

- **金属：**一类有特殊光泽、不透明，具有良好导电性、导热性、延展性的特质。其性质与内部结构、自由电子的存在有关，常温下通常呈固态。
- **非金属：**与金属相反，没有金属光泽，缺乏延展性，是电与热不良导体的一类物质。

原子外电子壳层中的电子数决定了该元素如何形成键，也决定了它们的许多其他特性。出于这个原因，元素通常根据其外层电子的数量被分成不同的元素族。例如，一些有一个外层电子的元素被称为碱金属。锂就是一种碱金属。它通过失去其外层电子形成键。碳有四个外层电子，通过与其他原子共享电子而形成键。氟有七个外层电子，它是卤族元素。卤族通过从其他原子上获取一个电子而成键。惰性气体有完整的外电子壳层。氩和氦是惰性气体，它们根本不形成键。

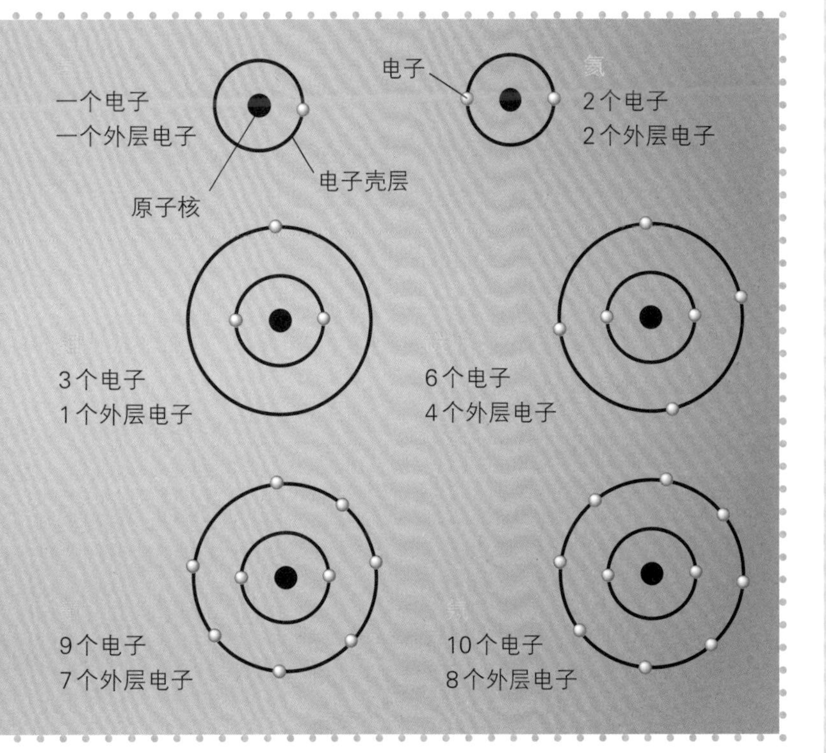

化学在行动

化合物还是混合物？

当元素结合成一种化合物时，它们会形成一种全新的物质，具有与原来元素不同的性质。化合物不是这些元素的混合物。混合物是一些可以被很容易地相互分离的物质。化合物只有通过化学反应，破坏化学键，才能使其恢复原样。

◀ 铁矿石。铁矿石在人类历史上非常重要，但从铁矿石中获取铁制成工具需要经历复杂的化学过程。

一特性使金属成为制作电线和电缆的好材料。

非金属与金属有相反属性。非金属在化学反应中往往会获得电子。它们以各种形式存在，通常是液体、气体或固体。它们没有自由电子来帮助电荷移动，不导电，因此非金属是良好的绝缘体。类金属是半导体，在不同情况下，可以从绝缘体变为导体。

电负性是原子吸引自身电子，获得其他电子的能力，非金属的电负性比金属强。金属原子只有少数的外层电子，因此容易失电子。

▶ 电线被设计出来用于传导电流。铜是最具导电性的金属之一，铜线承载电流。塑料是由非金属元素制成的，它不导电。塑料包裹着铜，所以电流可以被安全地传输。

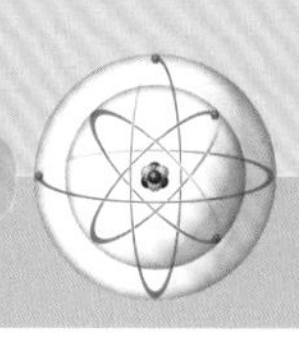

▲ 绿色的氯气与一块钠发生反应，形成氯化钠（食盐）。盐是最常见的离子化合物之一。

▲ 盐存在于沙漠的盐田中，并溶解在海水中。

离子键

化学反应中可以形成三种类型的化学键：离子键、共价键和金属键。一个金属原子给一个非金属原子一个电子，离子键就形成了。放出电子的原子失去了负电荷，而自己则变成了正电荷。

人们把以这种方式带电的原子称为离子，其中带正电的离子是阳离子；获得一个电子的原子因得到的是一个额外的负电荷，成为负离子，或阴离子。相反的电荷相互吸引。因此，阳离子和阴离子结合在一起形成了一个离子键。结合的离子被称为离子化合物。

一种常见的离子化合物是食盐。钠（Na）与氯（Cl）结合后形成了食盐。钠是一种典型的金属。它是银色的、导电的，外层只有一个电子，极易失去。氯气

关键词

- **导体：**具有大量能够在外电场作用下自由移动的带电粒子，因而能很好地传导电流的物体。
- **绝缘体：**具有良好的电绝缘性或热绝缘性的物体。

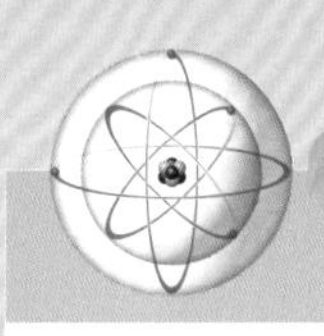

是一种非金属气体，需要获得一个电子来实现八隅规则从而变得稳定。

把钠和氯一起放在一个容器中，钠会失去电子，成为阳离子（Na^+）。氯会得到一个电子，成为阴离子（Cl^-）。Na^+与Cl^-结合，形成NaCl（氯化钠），也就是我们在烹饪食物时使用的食盐。

所有离子型分子都是由阳离子和阴离子结合形成的。这使分子有一个带正电的一极（端）和一个负电极。每个极都被其他分子上的带相反电荷的极吸引。因此，离子型分子的连接模式往往很有规律，这种分子被称为晶体。由于每个分子都被它周围的其他分子牢牢地固定住，所以离子晶体往往是坚硬的固体，不容易弯曲或破裂。

离子之间的吸引力很强，需要很大的能量才能把它们拉开。加热为固体提供了足够的能量，将一些分子拉开，它们就会融化成液体。一种物质熔化的温度称为其熔点。进一步加热，直到液体沸腾产生气体，分子分布就更加分散。发生这种情况的温度被称为沸点。离子化合物往往具有较高的熔点和沸点。

当离子化合物溶于水时，离子会分离并自由漂浮在水中。这些漂浮的离子可以通过水导电。溶解或熔化时的导电能力是离子化合物的另一个共同特性。

工具和技术

电子

人们通过画原子的简易方式来展示原子间是如何形成键的。原子核是一个中心圆，被多层电子包围。在化学反应过程中，电子在原子之间移动或在两个原子的外层中共享。下图显示了电子是如何从钠原子外层移动到氯原子外层，形成钠离子和氯离子。这些离子结合在一起，成为氯化钠，即食盐。

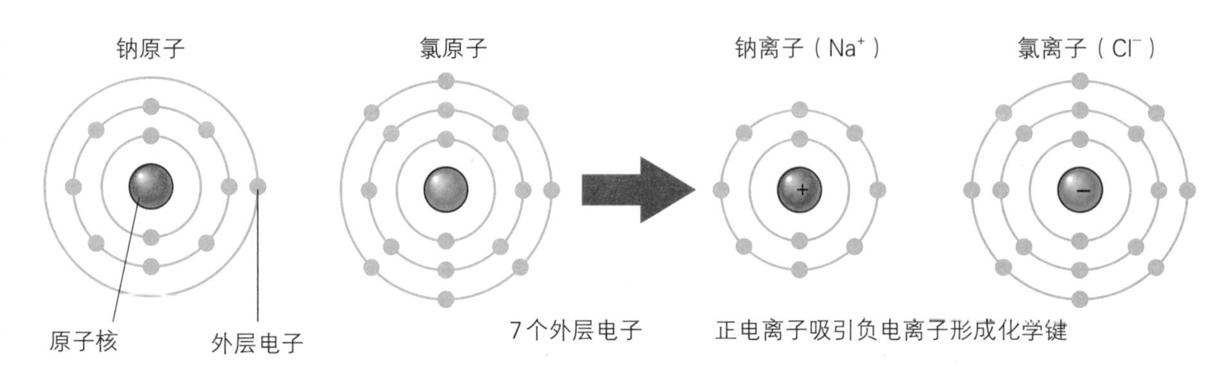

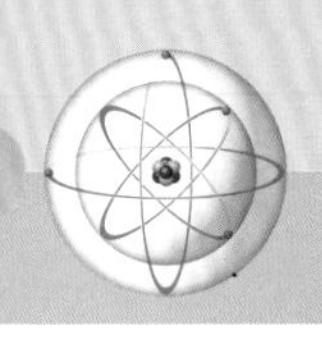

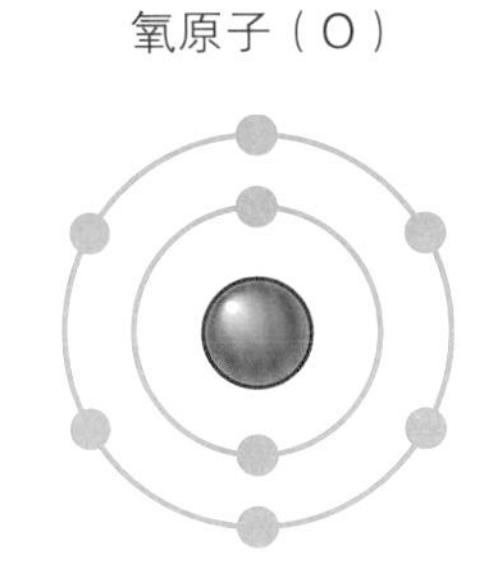

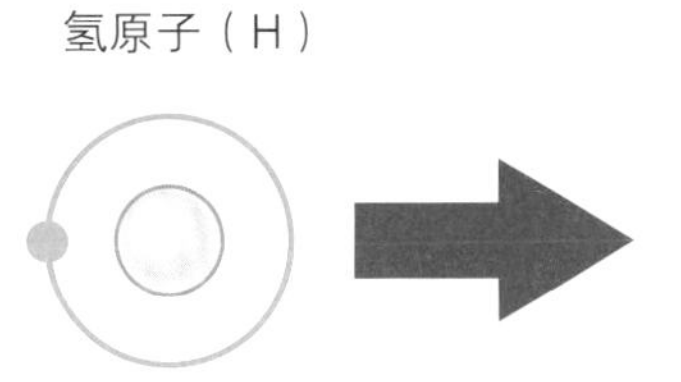

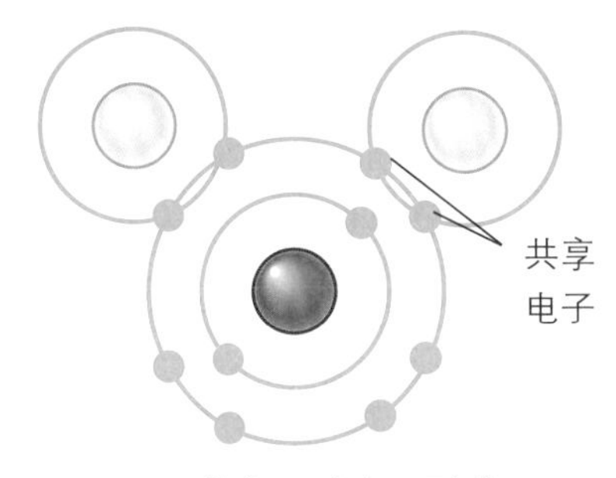

▲ 水是一种共价化合物。两个氢原子与一个氧原子共享电子。

共价键

当两个原子通过共享电子而变得稳定时，就会形成共价键。不是一个电子进入另一个原子的外层，而是两个原子的外层重叠，共享电子。每个电子都会与两个原子核结合。

像这样用键连接在一起的一组原子被称为共价分子。氢原子形成最简单的共价分子。氢只有一个电子，只需要两个电子就能变得稳定（而不是八个）。一个氢原子与另一个氢原子共享其电子，形成一个H_2分子。氢气在自然界中以H_2的形式存在。其他六种元素以类似的方式形成分子：氧（O_2）、氮（N_2）、氟（F_2）、氯（Cl_2）、溴（Br_2）和碘（I_2）。

因为所有的共价键都涉及电子的共享，所以共价化合物往往具有类似的特性。共价化合物的晶体可分为两种类型：第一种类型类似于离子晶体，所有的原子都通过强键相互连接。钻石就是这种情况，它是纯碳的一种极其坚硬的形式，是

▼ 沙（二氧化硅）和水是地球表面上最常见的两种化合物。两者都是共价化合物。然而，二氧化硅是坚硬的晶体，而水是一种液体。

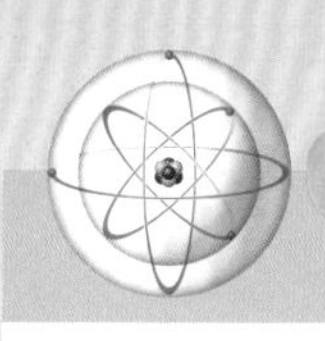

试一试

生锈的钉子

将一枚铁钉放在一个罐子里，罐中加水浸没铁钉，并加入两汤匙的盐。把罐子的盖子盖上，大约一个小时后再来检查铁钉。你看到了什么？你正在观察一个进行中的化学反应：

铁＋氧 ⟶ 氧化铁

铁和氧之间形成了一个新的离子键，生成氧化铁，又叫铁锈。盐和水有助于加快反应的速度。铁锈应该看起来像指甲上的深红色斑点。

▶ 当铁钉变湿后，铁与氧气反应形成铁锈——一种红色的片状物质。

有名的坚硬物质。二氧化硅是沙子和石英岩的主要成分，也以这种方式形成坚硬的晶体。金刚石和二氧化硅都有很高的熔点和沸点，因为它们的晶体内有很强的共价键网络。

其他类型的共价化合物以其他方式形成晶体。它们没有强作用力在分子之间形成键。相反，只有一种称为范德瓦耳斯力的弱力，将分子连接在一起。由于这些力非常弱，只有在非常低的温度下才能形成固体。在正常情况下，共价化合物以气体或液体形式存在。例如，二氧化碳在一般情况下是一种气体，只有在非常低的温度下才会形成晶体。

因为在共价化合物中电子是共享的，所以没有自由移动的带电粒子来导电。因此，共价化合物往往是良好的绝缘体。

碳（C）和氢（H）的共价化合物被称为有机化合物。这种化合物在接触氧气时容易燃烧，常被用作燃料。例如，汽油是几种有机化合物的混合物。这些化合物之所以被称为有机化合物，是因为它们曾被认为只在动植物机体内存在。

金属键

金属通常是坚硬的固体，它们往往也很有韧性。原子通过金属键结合在一起，

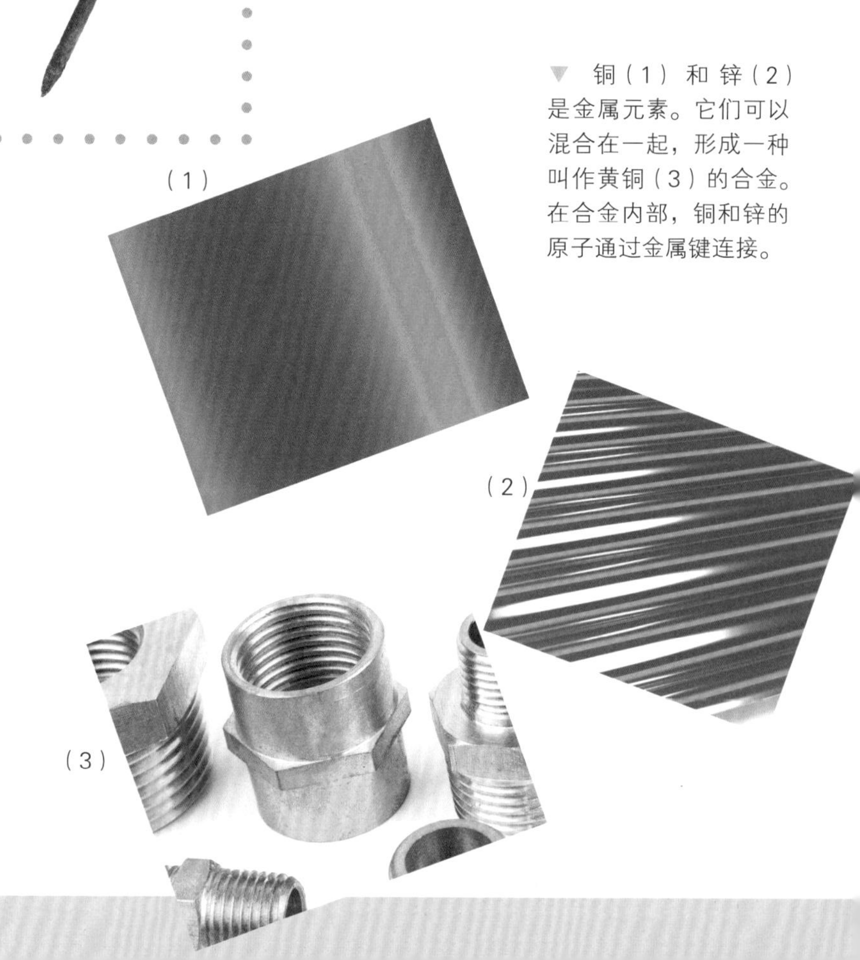

▼ 铜（1）和锌（2）是金属元素。它们可以混合在一起，形成一种叫作黄铜（3）的合金。在合金内部，铜和锌的原子通过金属键连接。

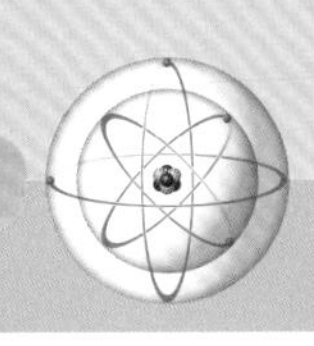

▲ 金属键使金属可以被拉成长而薄的电线（如铜），这就是所谓的延展性。金属也是可塑的，它们可以被压成薄而柔韧的片，可以弯曲且不容易折断。

金属的特性是形成金属键的原因。当金属原子处于同一个电子池时，就会出现金属键。与共价键不同的是，在共价键中，电子是共享的，但仍与原子核结合，而金属键中的电子可以自由移动。

一块纯银由自由漂浮在电子池中的原子组成。所有的金属原子都失去了它们的最外层电子，这就构成了一个带负电的电子池。这种负电荷被原子核的正电荷吸引。这种吸引力将金属原子结合在一起。

尽管金属键使大多数金属成为坚硬的固体，但它们也允许里面的原子互相移动。这一特性是金属具有延展性和可塑性的原因。有延展性的固体可以被拉成细丝，可塑性强的固体则很容易被压扁成片。当固体被重塑时，电子池将金属原子固定在一起，防止固体破裂。

关键词

- **共价键**：一般指两个原子结合时，通过共享电子对而形成的化学键。
- **离子键**：极性键的极性逐渐增强，直到电子对脱离一个原子而为另一个原子所独有，分别形成正离子和负离子时，即成为离子键。
- **金属键**：在固体或液态金属中，由自由电子与金属离子之间的静电吸引力组合而成的化学键。
- **范德瓦耳斯键**：一种非常弱的结合键，能使分子之间相互吸引。

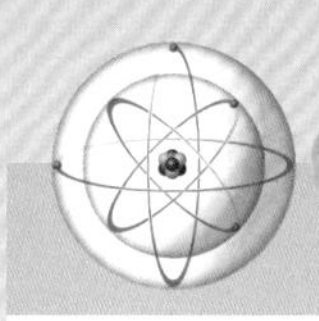

试一试

移动的金属

用砂纸打磨游戏币的边缘，磨掉外层的铜，露出里面的锌。将游戏币放在约570毫升醋中一小时。现在，取出游戏币，在醋中加入50克的泻盐和60克的糖。用鳄鱼夹将电线固定在打磨过的游戏币和一个新的、干净的游戏币上。将游戏币放入醋中，确保游戏币之间不接触。将干净的游戏币连接到一个大电池的负极上。将打磨过的游戏币连接到正极。10分钟后，干净的游戏币上应该有一层深色的、银色的锌涂层。

电流使打磨过的游戏币上铜和锌之间的金属键断裂。醋、盐和糖帮助锌从带正电的游戏币移到带负电的游戏币上。科学家把这称为电镀。

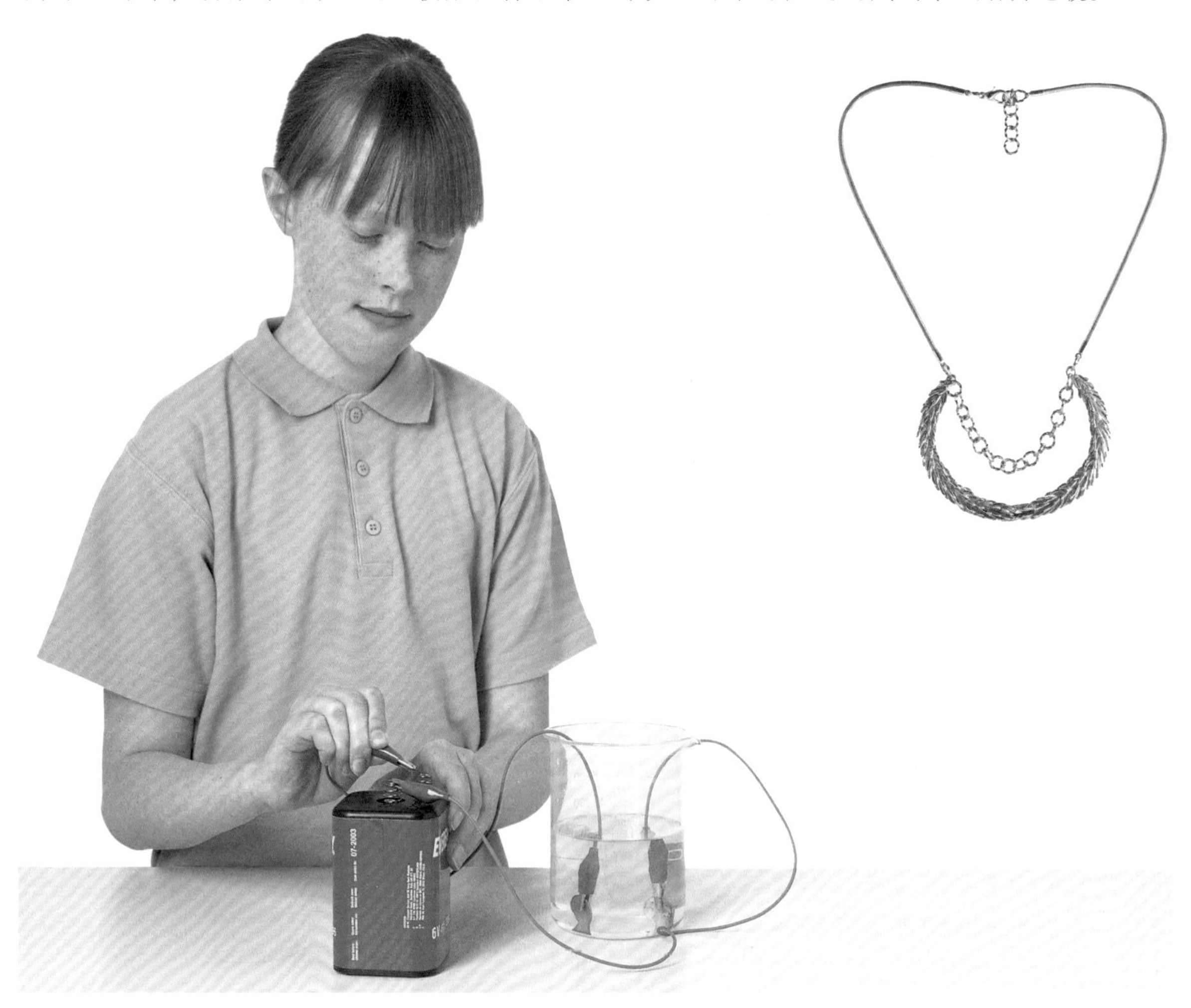

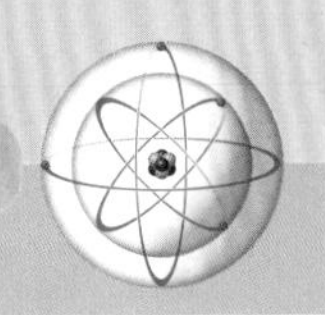

同分异构体

同分异构体是两个或两个以上具有相同的分子式但结构和性质不同的化合物的互称。了解同分异构体在化学反应中很重要，因为同分异构体有不同的原子可用于结合。

研究同分异构体的好例子是化学式为C_3H_8O的有机化合物。这个分子有三种形式。其中两种是醇类的一种，被称为丙醇。醇类是有机化合物的一大类。酒精饮料中含有一种叫作乙醇的醇类物质。乙醇不具有毒性，但丙醇和其他醇类一样极具毒性。在丙醇分子中，氧原子与三个碳原子中的任何一个，连同一个氢原子结合在一起。氢和氧一起形成一个羟基（–OH）。所有的醇类都有一个羟基，它在化学反应中发挥着作用。C_3H_8O的同分异构体被称为正丙醇和负丙醇。

在C_3H_8O分子中，氧在两个碳之间结合，形成的化合物不是酒精，而是一种醚，叫作甲基乙醚。醚的化学性质与醇不同。

近距离观察

同分异构体结构

化合物C_3H_8O有三种形式，或称三种异构体。这些异构体具有不同的化学性质。其中两种是醇类，而另一种是醚。

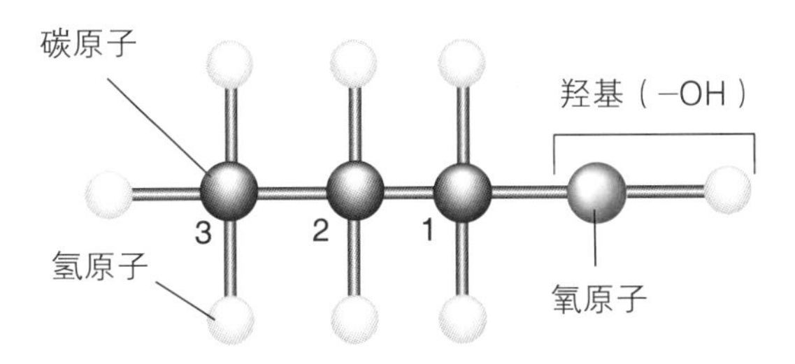

▲ 这种醇类分子被称为正丙醇。所有醇类都有的羟基被连接到第一个碳原子上。

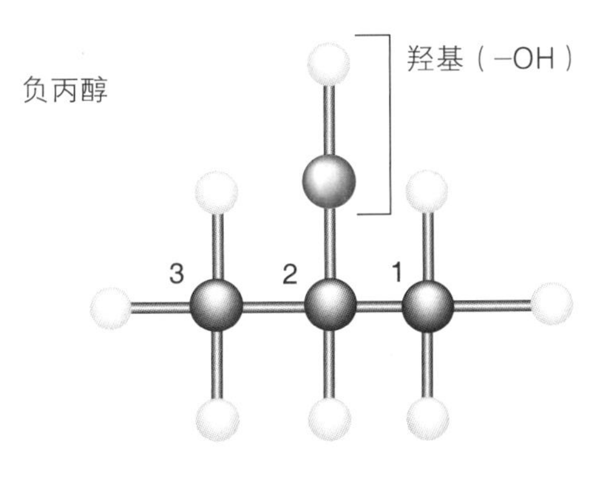

▲ 这个醇类分子被称为负丙醇，因为羟基与第二个碳原子结合。

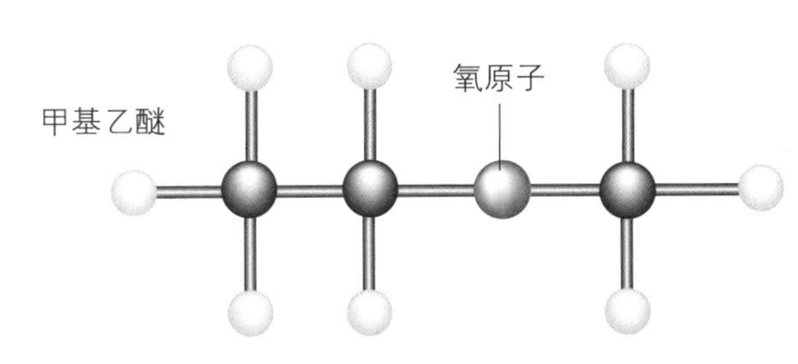

▲ 第三种异构体不是一种醇类。而是氧原子与两个碳原子结合，像这样的分子被称为醚。

3 反应类型

化学家根据化学键断裂和生成的方式对化学反应进行分类。然后科学家们将这些反应写成化学方程式。

当原子之间形成新的化学键，产生新的化合物时，就会发生化学反应。人们将化学反应分成了不同的类型。化学反应的类型取决于反应物通过怎样的变化生成产物。化学反应的四个主要类型是：化合反应、分解反

化学反应中，反应物和生成物可以是任何状态。例如，液体反应物可以生成固体产物。

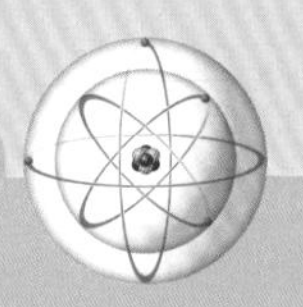

应、置换反应和复分解反应。请记住，这些都是基础的分类，一个化学反应有可能同时属于多种反应类型。

一些元素会发生核反应。核反应与化学反应截然不同。核反应不是通过化学键的断裂和形成产生新的化合物，它实际上是通过改变原子，使一种元素变成另一种元素。

化合反应

当两个或更多的反应物结合形成产物

人物简介

罗伯特·玻意耳

罗伯特·玻意耳（1627—1691）是化学科学的奠基人之一。他的工作帮助未来的科学家弄清了化学反应过程中发生了什么。玻意耳出生在爱尔兰，但生活在英国。在研究将普通金属变成黄金的方法时，玻意耳对化学产生了兴趣。他虽然失败了，但在这个过程中学到了一些东西。1661年，玻意耳出版了《怀疑的化学家》，他在书中提出，物质是由许多元素组成的。在此之前，人们认为土、风、水和火是全部的元素。玻意耳还展示了气体在被加热和压缩时发生了怎样的变化。热的气体比冷的气体占据更多空间。此外，当一种气体被压缩时会变得更热。这种规律被称为玻意耳定律。该定律帮助后来的化学家了解气体是由什么组成的。

▲ 罗伯特·玻意耳是17世纪在英国工作的著名化学家，他以研究气体而闻名。自那时以来，他的发现一直被化学家们所使用。

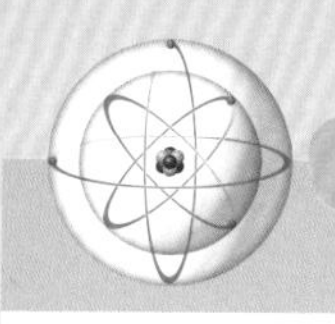

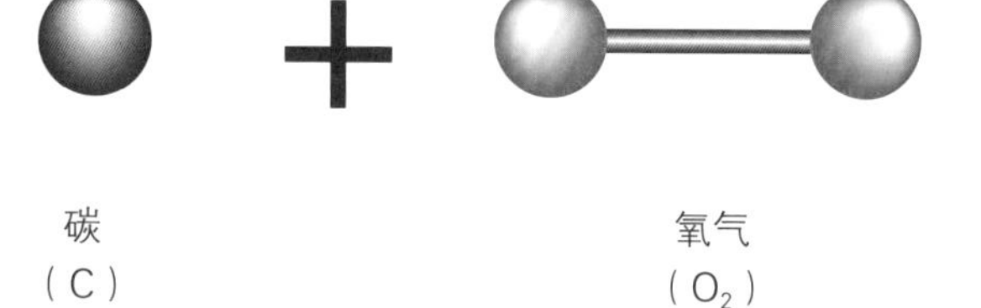

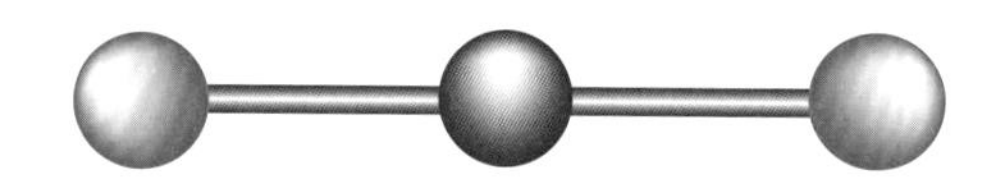

▲ 碳（C）和氧（O_2）之间的化合反应。这些反应物结合形成二氧化碳气体（CO_2）。

时，就会发生化合反应。$A+B \longrightarrow AB$。在有多个反应物的复杂情况下，这种类型的反应可以生成一个以上的产物。常见的化合物，如水、二氧化碳和盐都是化合反应的产物。碳的燃烧也是一个简单的化合反应。氧气与碳结合，生成二氧化碳气体并释放热量。这个反应的化学方程式是：

$$C + O_2 \xrightarrow{\text{燃烧}} CO_2$$

这个反应也属于燃烧反应和氧化还原反应。

分解反应

分解反应是化合反应的逆反应。当一个单一的化合物被分解成两个或多个更简单物质时就会发生分解反应。当你打开一罐苏打水时，分解反应产生了二氧化碳气泡。苏打水含有溶于水的碳酸（H_2CO_3）。这种混合物在高压下被挤压在汽水罐内。当罐子打开时，罐内压力下降，碳酸被分解，形成水和二氧化碳气体气泡，使苏打水尝起来更清爽。分解反应的化学方程式如下：

$$H_2CO_3 \longrightarrow H_2O + CO_2\uparrow$$

▼ 木炭燃烧时发生的反应。木炭的主要成分是碳。

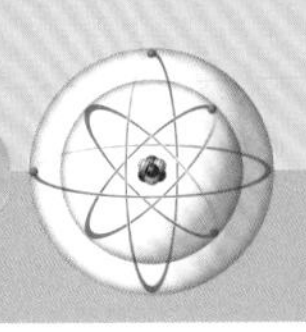

关键词

- **能量守恒定律**：所有的化学反应都遵循质量守恒定律，即物质不能被凭空制造，也不能凭空消失，能量的总和保持不变。在化学反应中，键被重新排列，但每个元素的原子总数始终保持不变。化学方程式两边的原子数总是相同的。

▲ 打开一瓶汽水瓶的盖子可以降低瓶内的压力，导致饮料中的碳酸分解。分解产生的二氧化碳气体从液体中冒出。

置换反应

置换反应是指在一个化合物中，任何原子或原子团被另一原子或原子团替代的反应。置换反应可以表示为：A+BC ⟶ AB+C。活性原子是容易形成键的原子。人们将置换反应分为两种类型：单置换反应和双置换反应。

当进行置换的反应原子是单一元素时，就会发生单置换反应。双置换反应发生在进行置换的原子已经与另一种化合物结合的情况下。

双置换反应多发生在溶液中。溶液是一种混合物，固体均匀地分散在液体中，消失不见。这个过程被称为溶解。

双置换反应是沉淀反应或中和反应。沉淀反应会生成不能溶解的化合物——沉

▼ 碳酸分解成水和二氧化碳。

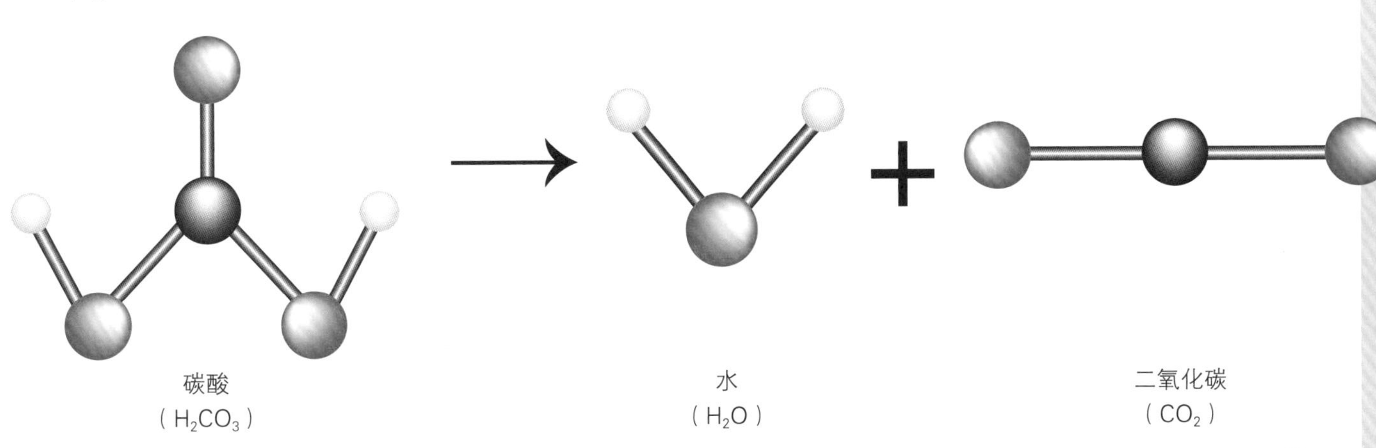

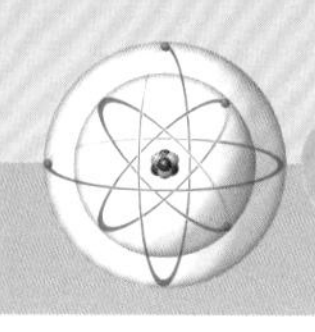

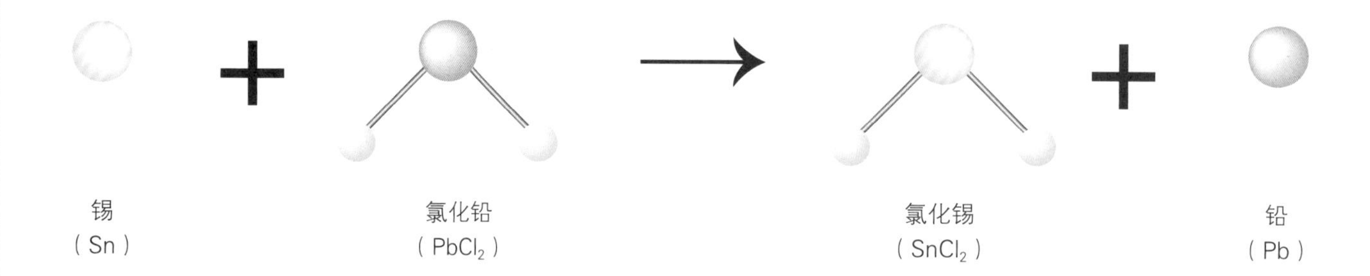

▲ 当锡加入氯化铅溶液中时，锡是这样置换铅的。

淀物——一个与溶液分离的固体。沉淀物最终会沉到溶液的底部。

中和反应中，一定有水生成。参与中和反应的反应物被称为酸和碱，酸是含有氢离子（H^+）的化合物，碱是含有氢氧根离子（OH^-）的化合物。酸和碱反应形成水和另一种化合物。当你在家往氨水（一种碱，NH_4OH）里加入醋（一种酸，CH_3COOH）时，就会发生中和反应。醋的H^+离子和氨水的OH^-离子结合形成水（H_2O）。NH_4^+离子与醋中的离子（CH_3COO^-）结合，形成一种中性化合物。

◀ 正在进行的置换反应。银色的锌条溶解在蓝色的硫酸铜溶液中。红棕色铜金属在试管底部形成。

氧化还原反应

当电子从一个反应物转移到另一个反应物时，就会发生氧化还原反应。化合反应、燃烧反应和单置换反应也被视为氧化还原反应。氧化还原这个词是“还原与氧化”的简称。每个氧化还原反应都包含两个同时发生的独立反应——氧化反应与还原反应。还原反应发生在化合物获得电子时，人们认为，原子获得电子得到还原。还原反应与氧化反应同时发生。反应中的

关键词

- **溶解**：一物质（溶质）以分子或离子等状态均匀分散于另一物质（溶剂）中形成溶液的过程。
- **沉淀**：从溶液中析出固体物质的过程。
- **溶质**：溶解在溶剂中的物质。
- **溶剂**：由两种或两种以上不同物质所组成的均匀物系。其中较多的组分称为溶剂。

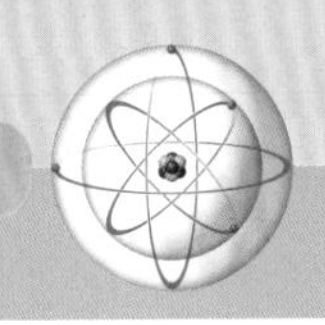

另一种化合物失去电子时发生氧化反应，人们认为，失去电子的原子被氧化了。

氢的燃烧是一个氧化还原反应。反应的两个部分用化学方程式表示为：

$$2H_2 \longrightarrow 4H^+ + 4\text{电子}$$
$$O_2 + 4\text{电子} \longrightarrow 2O_2^-$$

两个部分合并为：

$$2H_2 + O_2 \xrightarrow{\text{燃烧}} 2H_2O$$

氢原子把它的电子给了氧原子并被氧化。氧原子从氢原子处获得了电子并被还原。

燃烧反应

一种化合物与空气中的氧气反应并燃烧，产生火焰并释放热量，就是燃烧反应。人们经常利用燃烧反应来获取热量。

▶ 锌与酸发生反应，生成锌化合物和氢气。气体从液体中冒出。这既是一个置换反应，也是一个氧化还原反应。锌取代了酸中的氢，它失去电子，被氧化。酸获得了电子并被还原。

▼ 一个非常简单的氧化还原反应示意图：氢气与氧气燃烧生成水。氢气被氧化，而氧气被还原。

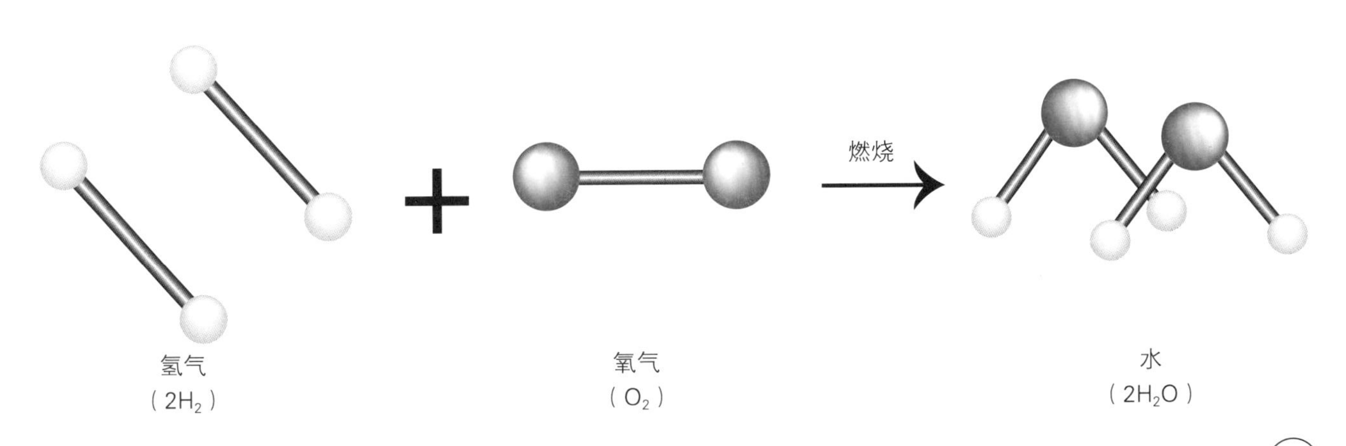

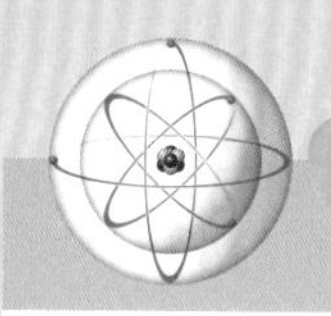

试一试

酸碱度测试

化学家使用一种叫作指示剂的物质来测试某种物质是酸性还是碱性。指示剂会根据加入物质的酸碱性变色。你可以在家里用紫甘蓝制作指示剂。

把一整颗紫甘蓝切成小块，水中煮30分钟。（请大人帮忙，小心热水。）紫甘蓝会使沸腾的水变紫。水凉后，用筛子（滤网）将紫甘蓝从水中捞出。

把紫水放在两个杯子里。在其中一个杯子里加入一茶匙小苏打——碱性物质。在另一个杯子里加入一茶匙醋——酸性物质。你看到什么颜色？尝试测试其他物质，看看它们是酸性物质还是碱性物质。

▶ 水煮紫甘蓝使一种叫作花青素的物质溶入水中。花青素的颜色取决于水中氢离子的多少。酸性物质有许多氢离子，而碱性物质没有任何氢离子。

▶ 紫甘蓝指示剂在遇到酸性物质时变成红色。

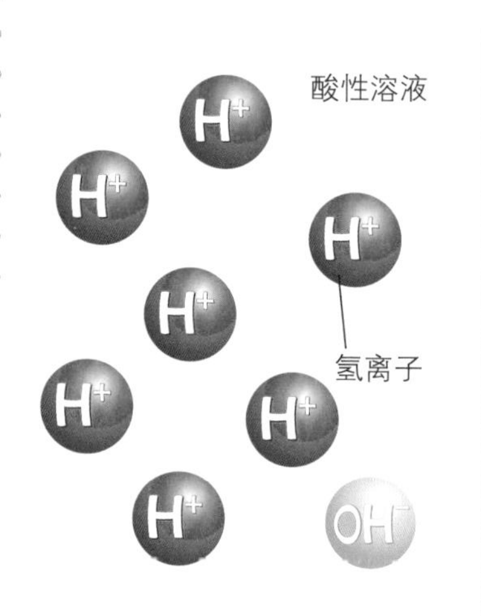

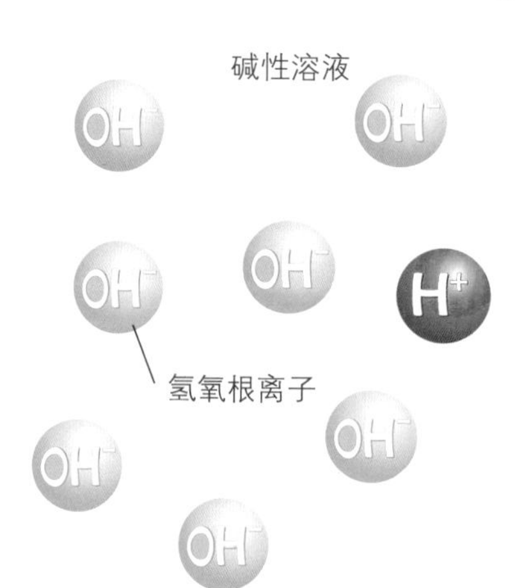

◀ 指示剂的颜色取决于氢离子（H^+）的多少。化学家用pH值来衡量溶液中氢离子的数量。pH表示氢离子浓度。低pH值的溶液中含有大量的氢离子，因此酸性物质的pH值很低。碱性物质的pH值高，碱性物质中有大量的氢氧根离子（OH^-），而不是氢离子。当氢氧根离子和氢离子相遇时，它们结合形成水（H_2O）。水不是酸性的也不是碱性的，水是中性的，它的pH值为7。任何pH值低于7的物质都是酸性的，pH值超过7的物质是碱性的。

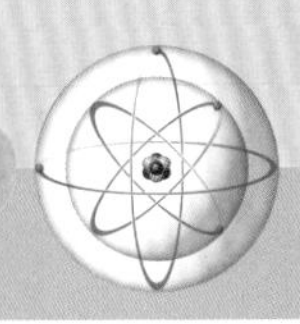

化学在行动

你身边的氧化还原反应

氧化还原反应在自然界中随处可见，人们经常利用这种反应进行生产生活，特别是用来提纯元素。

光合作用和呼吸作用都是氧化还原反应。当你切开一个苹果时，就会发生氧化还原反应。苹果内部一旦暴露在空气中，会在短时间内变成棕色。这是因为苹果中的物质被空气中的氧气氧化后形成了一种叫作黑色素的棕色化合物。

▲ 苹果果肉因为氧化还原反应变成棕色。

▲ 在冶炼厂，熔融状态（液态）的铁在提纯后被倒入铸件。冶炼厂使用碳和铁矿石之间的氧化还原反应炼铁。

氧化还原反应也被用来提纯一些金属。在自然界中，金属存在于矿石中。人们利用氧化还原反应从矿石中提取金属原子，其中最常见的手段是冶炼。冶炼主要用于提纯铁。在冶炼过程中，铁矿石和碳一同被加热。碳与矿石反应，形成化合物。这就留下了纯铁，铁矿石被还原，而碳被氧化。

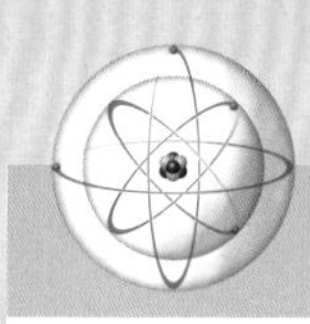

试一试

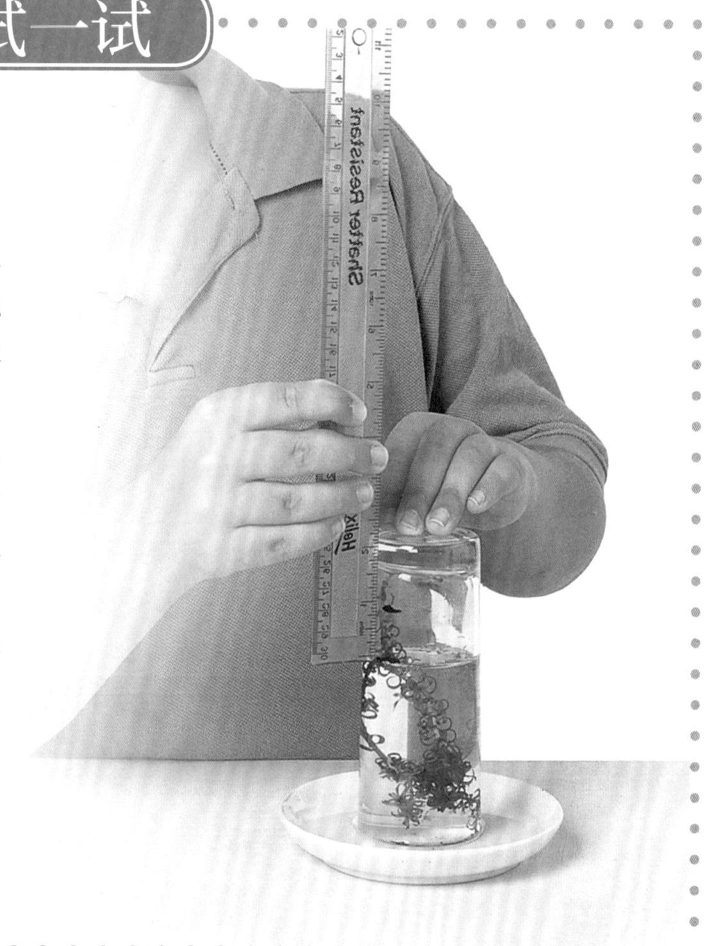

进行中的氧化还原反应

光合作用是发生在植物体内的一种氧化还原反应。你可以通过一个简单的实验来观察它的过程。将一小片水草放在一个装满水的玻璃瓶中。用一个碟子盖住瓶子，盖紧，然后把它们倒过来。迅速将碟子里装满水，防止水从瓶子里漏出。罐子里应该会留有少量空气。用笔标出水的高度。然后把罐子放在一个有阳光的地方。

很快，植物上会出现气泡，水位会略微下降。植物利用阳光，使水和二氧化碳发生反应，从而产生了氧气和有机物质。

▶ 光合作用产生了氧气，增加了罐子里的气体量。

碳氢化合物常用于人类活动需要的燃烧反应中。顾名思义，碳氢化合物是由碳（C）和氢（H）组成的化合物。例如，丙烷气体（C_3H_8）在炉灶中燃烧，产生热量用于烹饪食物。该反应的化学方程式是这样：

$$C_3H_8 + 5O_2 \xrightarrow{\text{燃烧}} 3CO_2 + 4H_2O$$

▼ 丙烷燃烧分子式变化示意图。

x 5　燃烧　x 3　x 4

丙烷（C_3H_8）＋ 氧气（$5O_2$）→ 二氧化碳（$3CO_2$）＋ 水（$4H_2O$）

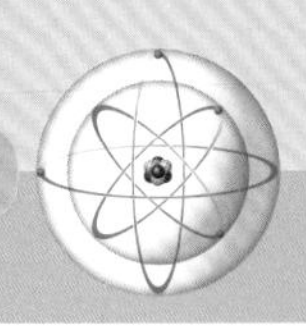

碳氢化合物燃料是从石油和天然气中提取的，它们是由数百万年前埋藏的植物和其他生物遗骸形成的，通常被称为化石燃料。

化学方程式

你已经知道人们用化学方程式来描述化学反应中发生的变化。化学方程式可以写得很简单，只包含最基础的信息，也可以写得很详细，提供更多信息，包括反应发生了什么、反应发生需要什么……

化学方程式的简单例子是两个氢原子结合：$H+H \longrightarrow H_2$。这个方程式表明，两个氢原子（H）结合成一个氢分子（H_2）。化学方程式可以被写得更详尽，包含其他符号、字母和数字。

这些符号提供的信息并不重要，因此这样的符号一般不在方程式中出现。然而，有些符号可以提供反应物如何成功反应的有用信息。一个竖直指向上方的箭头表示生成物将形成一种气体，并从溶液中冒出。

二氧化碳气体是多个分解反应的产物，它被标示为$CO_2\uparrow$。箭头朝下表示生成物形成沉淀，沉入液体底部。金属，包括银（Ag），经常在置换反应中沉淀，表示为这样：$Ag\downarrow$。

反应物和生成物之间的双头箭头表示反应是可逆的。这意味着反应物形成产物，而产物也可以形成反应物。这种反应不用两个化学方程式表示：$A+B \longrightarrow AB$和$AB \longrightarrow A+B$，而是将两者结合起来，用一个方程表示：$A+B \longleftrightarrow AB$。

在一个详尽的化学方程式中，括号中的字母用来表示每种化合物的物质状态。固体用“(s)”表示，液体用“(l)”表示，而气体则用“(g)”表示。当一种化

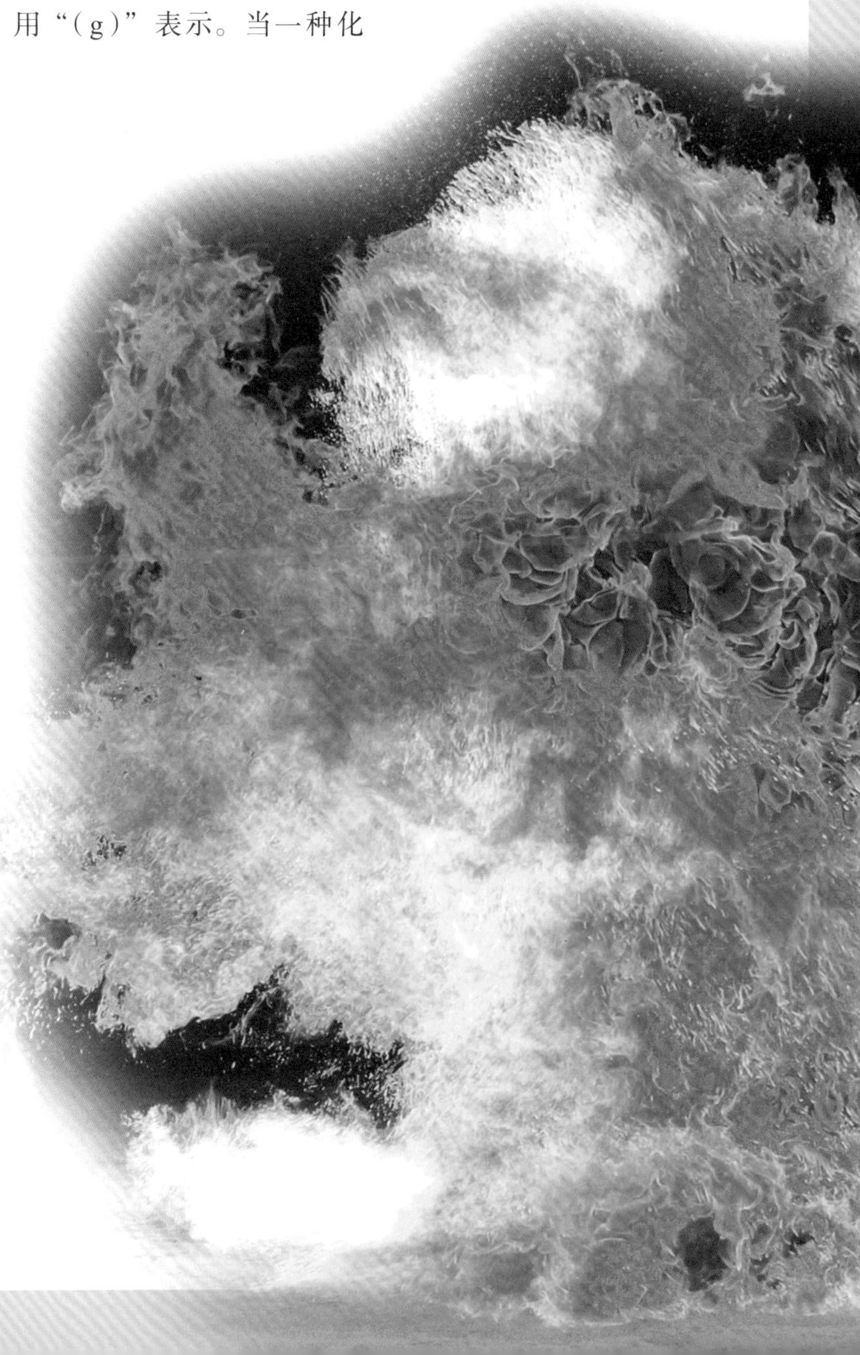

▼ 丙烷和丁烷的混合物爆炸形成火球。爆炸是一种燃烧反应，发生得很快，同时释放出大量的热量和气体。

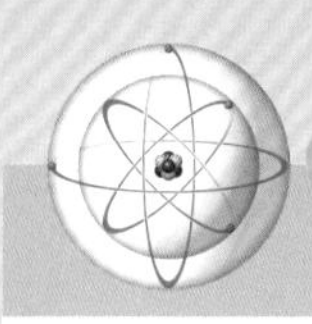

近距离观察

动态平衡

当一个反应以同样的速度向两个方向发生时，就会产生动态平衡。在这个系统中，反应物结合形成产物，但与此同时，产物也在分裂，再次形成反应物。这两个过程以相同的速度发生，所以尽管反应总是在发生，但反应物和产物的数量保持不变。氢气（H_2）和碘（I_2）在动态平衡中，反应形成碘化氢（HI）。该反应用方程式表示为：

$$H_2 + I_2 \longleftrightarrow 2HI$$

学物质溶于水时，它被称为水溶液，并用“（aq）”表示。

有时方程中物质的状态很容易预测，但不总是如此。水通常以液态形式存在，例如：H_2O（l）。然而，有大量热量参与的反应，水通常会变成气体。H_2O（g）。在化学方程式中，尽管符号表示的物质状态很有用，但数字往往更重要。

关键词

详细的化学方程式可能包括以下符号。

符号	含义
△	发生反应需要能量（通常是热量）
↑	气体会从溶液中冒出
↓	溶液中会形成沉淀物
↔	反应可逆
（s）	化合物是固体
（l）	化合物是液体
（g）	化合物是气体
（aq）	化合物是水溶液或溶于水

▶ 一个学生用一种叫滴定的方法来测量一种混合物中存在多少反应物。学生用一个叫作滴定管的测量器具在一种反应物中加入另一种反应物。

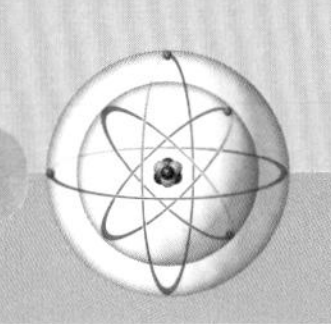

使用数字

一个平衡的方程告诉你，生成一定量的生成物需要多少反应物。

人们通过调节反应物的量，预测生成物的量。当你看化学方程式时，你会看到两种数字，但化学家只能变动其中一种。

元素右下方的小数字表示需要多少个原子。例如，H_2O表示一个水分子中有两个氢原子和一个氧原子，但“1”不写出来。如果你看到元素右下角没有数字，你可以默认它只有一个原子。人们永远不能为了平衡方程式而改变化合物中的小数字，因为那意味着原子之间的化学键变了。

化合物左边的大数字叫系数。系数告诉你方程式中需要多少个这样的分子。例如，$3H_2O$意味着有3个水分子参与反应。你可以用系数乘以每个分子中的原子数来计算原子的总数。$3H_2O$中有六个氢原子（3×2）和三个氧原子（3×1）。

方程式配平

化学家通过改变系数来配平方程式，使反应物中的原子数与生成物中的原子数相等。例如，生成氢气分子的方程式$H+H \longrightarrow H_2$是平衡的，因为两边的原子数是一样的。而氢气与氧气反应生成水的方程式则比较复杂。氢气和氧气都以两个原子的分子形式存在：H_2和O_2。水含有两种元素的原子，但简单的方程式$H_2+O_2 \longrightarrow H_2O$并不平衡。有两个氧原子参与了反应，但生成物中只有一个氧原子。

为了配平这个方程，你需要在反应物上加一个系数，使反应物和生成物中的原子数平衡。这个方程可以表示为：$2H_2+O_2 \longrightarrow 2H_2O$。现在反应物和生成物中的原子数相同，方程是平衡的。

工具和技术

配平技巧

如果你在配平一个复杂的化学方程式时遇到困难，可以尝试在反应中最复杂的化合物前面加上系数2，然后努力使其他的原子相匹配。如果这不起作用，就用系数3再试一次。如果还不平衡，就继续增加系数，直到方程式平衡。

关键词

- **化学方程式：**用反应物和生成物的化学式来说明化学反应的始态和终态的式子。
- **化学式：**用化学符号表示各种物质的化学组成的式子。H_2O是水的化学式，它包含两个氢原子（H）和一个氧原子（O）。
- **元素符号：**用来代表某种元素的字母，如O代表氧，Na代表钠。
- **系数：**放在化学式前面的数字，表示一个反应使用了多少分子或产生了多少分子，如$3H_2O$代表3个水分子。

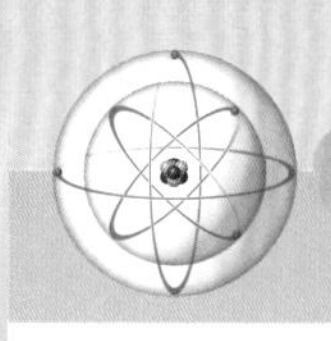

▲ 一摩尔碳的重量为12克。所有元素一摩尔的重量都以碳-12为基准。例如，一摩尔氢原子的重量比一摩尔碳的重量少12倍。

配平表

生成水的化学反应相当简单，所以配平方程很容易。当面对复杂的化学方程时，你可以画一张表，列出每种元素的原子数，帮助你配平反应物和生成物中的原子数。下面是一个$2H_2+O_2 \longrightarrow 2H_2O$的表格：

	反应物	生成物
H	2×2=4	2×2=4
O	1×2=2	2×1=2

很显然，你有一个平衡的方程式，反应物和生成物中都有4个氢原子和2个氧原子。

当你配平一个方程时，你可以增加或改变系数，直到表两边的原子数相等。

现在尝试配平磷（P_4）和氧（O_2）之间的反应方程式：

$$P_4 + O_2 \longrightarrow P_2O_5$$

这个方程式两边的原子数量不平衡。

	反应物	生成物
P	4	2
O	2	5

要开始配平这个方程式，先看一下最复杂的化合物（P_2O_5），给它加一个系数2，这样就可以在产物中得到4个磷原子和10个氧原子。

然后配平反应物。氧气分子（O_2）中有两个原子，所以需要5个分子才能有10个原子。在反应物氧气上加一个系数5。反应物中已经有4个磷原子了，所以配平完成了。添加上系数后，平衡的方程是：

$$P_4 + 5O_2 \longrightarrow 2P_2O_5$$

反应物和生成物中的原子数是相同的，所以方程是平衡的。

方程配平的实际应用

通过配平方程，人们能知道需要多少反应物才能生成产物。然而，在实验室里你很难轻易地计算原子的数量。相反，人

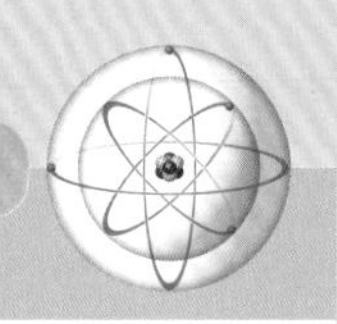

们通过称量物质的方式来计算原子数。

原子以摩尔计。“摩尔”这个词代表一个数字，就像一对等于2，一打等于12，一罗等于144。一摩尔等于$6.022\ 140\ 76 \times 10^{23}$。一摩尔任何物质所含组成粒子数被称为阿伏伽德罗常数。它是以意大利人阿伏伽德罗（1776—1856）命名的，他发现一定数量的任何气体总是包含相同数量的原子或分子。在元素周期表上，一个元素的原子质量数等于他的摩尔质量数。例如，氦的原子质量为4。这意味着一摩尔氦重4克。

化合物的分子质量是一个分子内所有原子质量的总和。例如，氯化钠的分子质量大约是58.5，其中钠23，氯35.5。因此，一摩尔氯化钠的重量为58.5克。

人们使用这些重量精确测量一种元素或化合物在反应中被用掉或生成的数量。这是弄清原子如何重新组合形成化合物的最好方法。

▶ 作为感恩节游行的一部分，巨大的气球悬浮在纽约市百老汇上空。气球可以悬浮在空中是因为它们充满氦气。氦气原子比空气中的原子更小更轻。一摩尔氦气含有与一摩尔其他元素相同数量的原子，但重量小得多。

4 能量转化

能量总是从一种形式转换为另一种形式。水从悬崖边落下，获得了动能，而闪电将空气运动的能量转化为电能。

化学反应可以释放或吸收能量。无论哪种方式，能量都是将物质从一种形式变为另一种形式的关键。

化学反应涉及宇宙的两个基本组成部分——物质和能量。目前，你已经看到物质是如何参与化学反应的，现在是学习能量部分的时间了。

能量是做功的能力。当物质被一种力量移动时就会做功。举重是做功，弯曲金属或打碎石头也是做功。能量有多种形式。电、光、热和运动都是能量的类型。大多数化学反应涉及吸收和释放热能。研究热的学科是热力学，研究化学反应中热能的学科是热化学。

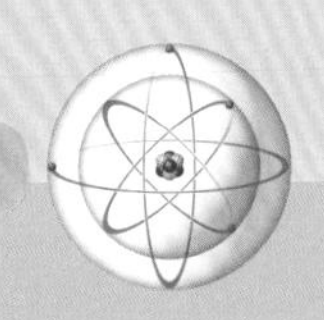

化学在行动

食物中的能量

卡路里是“卡”的全称，是热量的非法定计量单位。小写字母c表示的卡路里是指1克纯水在101.325千帕下当温度升高1℃时所吸收的热量。大写字母C表示的卡路里称为千卡，亦称大卡，多用来描述食物中所包含能量。一大卡实际上等于1 000个卡路里。这意味着一块300大卡的糖果含有300 000标准卡路里！

▶ 食物中的能量是化学能量，例如这个蛋糕。如果我们吃了这个蛋糕，身体就会释放化学能，并利用它为身体的其他反应提供动力。

运动的能量

在原子层面，主要有两种形式的能量参与化学反应：动能和势能。动能是运动的事物具有的能量。当你抛出一个球时，你给了球动能。当你烧开一壶水时，你增加了水分子的动能。当分子运动得更快时，它们就会相互挣脱，成为气体。同样，当你加热化学反应中的反应物时，你会增加它们的动能，使反应进行得更快。

人们研究原子和分子的动能，因为它可以影响化学反应的发生与否。具有大量动能的分子移动迅速。当分子快速移动时，它们更有可能相互碰撞。如果合适的分子相互碰撞得足够厉害，它们就能相互反应，分解并形成化学键。

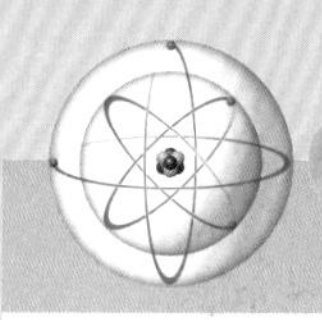

释放势能

势能是储存的能量。一个在坡顶的滑雪者拥有势能。一旦他（或她）开始下坡并越滑越快时，势能就转化为动能。一个电池也有化学形式的势能。当电池连接到一个电路时，势能就转化为电能。

两个原子之间的键也含有势能。当化学反应过程中键被打破时，势能会为反应提供动力，并被用来形成生成物的键。反应剩下的任何能量都以热的形式释放出来。

例如，当我们吃东西时，我们的身体会提取有用的化学物质，如糖类，糖类中含有大量的势能。这些物质被储存起来，当有需要时，它们会与血液中的氧气发生反应，释放能量。当你在跑步或以其他方式运动时，你需要吸入大量的氧气来释放能量，推动身体运动。这就是为什么在这时候你的呼吸频率比休息时快得多。

人物简介

尤利乌斯·罗伯特·冯·迈尔

尤利乌斯·罗伯特·冯·迈尔是一名医生，他是第一个意识到生物利用氧化还原反应从食物中获取能量的人。冯·迈尔于1814年出生在德国的海尔布隆。在获得从医资格后，他在前往印度尼西亚雅加达的航行中担任一名船医。在这次漫长的航行中，冯·迈尔对热量和温度进行了观察研究。例如，他注意到波涛汹涌的海面比平静的海面更温暖。在担任医生期间，他注意到，当水手在温暖的天气受伤时，他们的血液颜色比天气寒冷时更鲜红。血液将氧气从肺部带到身体的其他部位，它吸收的氧气越多，血液的颜色会变得越鲜红。迈尔意识到，在温暖的地区，人们需要较少的能量来保持体温。因此，他们的身体消耗了较少的氧气，这些氧气留在血液中，使血液颜色更加鲜红。

◀ 一根光滑的弹簧沿着台阶向下移动。当它从台阶上被推下来时，弹簧的势能转化为动能，弹簧就会跳到下一级台阶上。

热量和温度

在化学反应中，一组分子的动能是用温度来衡量的。温度是物体分子运动平均动能的标志。分子运动速度快的物体温度高，当分子运动速度降低时，物体温度降低。

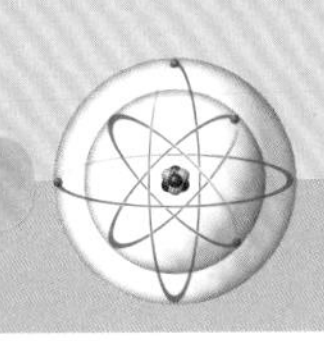

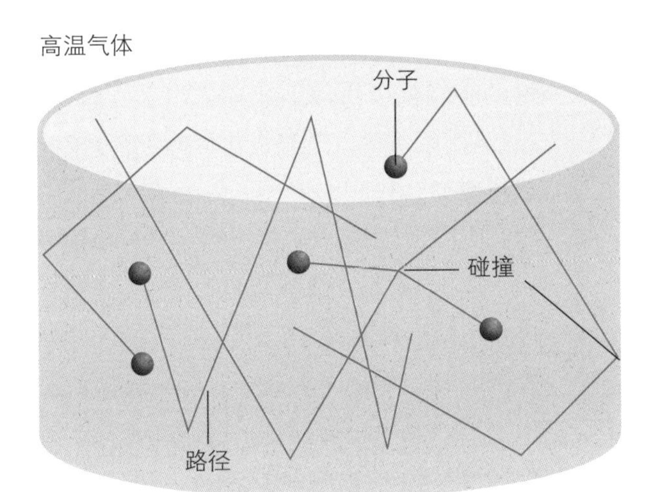

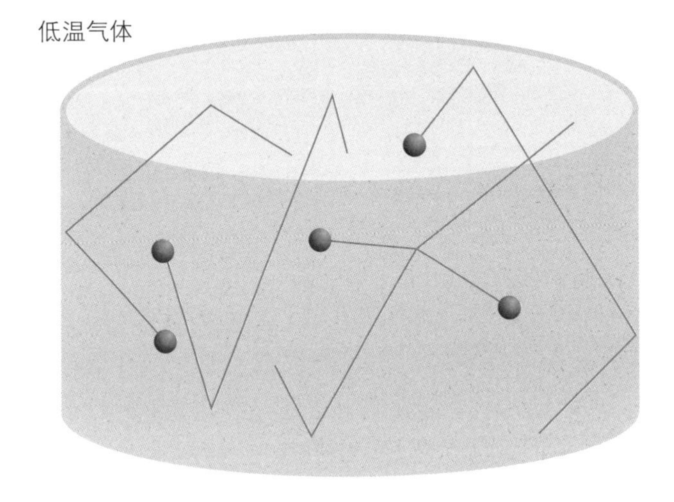

▲ 气体分子一直处于运动状态。当温度高的时候，气体分子的动能大，移动得更快。与低温时的气体分子相比，高温时的气体分子更活跃，分子之间、分子与容器之间的撞击会更用力、更频繁。

我们经常认为热和温度是同一回事，但在化学家看来，它们是两个不同的概念。当分子与其他物体碰撞时，它们会将其部分动能转移到其他物体上。这种能量的转移被称为热。在炎热的天气里，你与许多移动的空气分子相撞，你的皮肤吸收了大量能量。正是这种热量的增加，使你感到热。

能量转换

化学键断裂需要吸收能量。就像山顶上的巨石只有在被推动后才会开始滚动一样，化学键如果没有能量给予类似的推动，就不会断裂，释放势能。在一个化学反应结束后，反应添加的能量和生成物释放的能量之间或多或少存在着差异。

近距离观察

能量守恒

能量既不会凭空产生，也不会凭空消失。因此，当科学家谈到在反应过程中需要能量或产生能量时，他们实际上是在谈论能量从一种形式变为另一种形式。这就是能量守恒定律，它提到：能量既不能被制造出来，也不能被销毁。

例如，灯泡将电能转化为光能和热能，而当你在木头上摩擦砂纸时，木头会变热，这是将动能转化为热能。化学反应也能转换能量。燃烧燃料将化学键内的能量转化为热能。

◀ 牛顿摆展示了一个移动的球的动能是如何转移到一个静止的球上的——一个球停止运动，而下一个球开始运动。

工具和技术

测量能量

化学家使用热量计，测量物质（如燃料或食物）中储存的能量。一份样本被密封在一个容器中，并被放入水中。通电加热样本，使周围的水升温。然后利用水温的上升来计算样本加热所释放的能量。焦耳是用来测量能量的单位。一焦耳（1 J）是1牛的力使物体在力作用的方向上移动1米时所做的功（牛·米），也等于1瓦的功率在1秒内所做的功（瓦·秒）。

在化学反应AB ⟶ A+B中，需要能量使AB键断裂。断键的能量是通过加热AB分子添加的。一旦AB断成A和B，该键的势能就以热的形式释放出来。然而，AB键断裂所释放的热量比加热AB分子的热量要少。化学家把这称为吸热反应，因为它吸收了热量。

用于减轻受伤肿胀的冷敷袋利用了内热反应。冷敷袋中装满了反应物，反应物被隔开。弯折冷敷袋，打破反应物之间的隔离，使反应物混合，内热反应就开始了。该反应从周围环境中吸收热量。任何接触冷敷袋的物体，温度都会得以降低，如肿胀的脚踝。

在化学反应A+B ⟶ AB中，AB键建立时也释放能量。这些能量以热的形式释放出来，人们称这种现象为放热反应。滑雪者用于手部取暖的热敷袋就利用了放

▶ 荧光棒。这些荧光棒通过放热反应发挥作用。

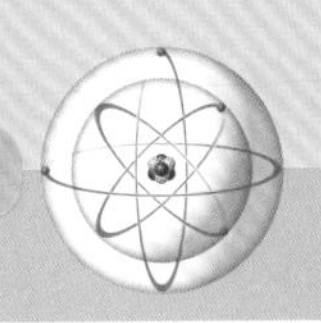

热反应。当你弯折一个热敷袋，打破反应物之间的隔离，使反应物混合，放热反应就开始了。热量被释放出来，使热敷袋附近的物体变暖。热能总是从热的物体流向冷的物体。因此，热敷袋的热量会转移到周围物体上。

热敷袋所产生的热量不足以使其燃烧，但一些放热反应会产生大量的热能。燃烧反应是放热反应的一种，它产生的热量非常大，会引起燃烧和爆炸。

能量图

人们通过书写化学方程式来表达反应过程中物质的变化情况。同样，他们也制作能量图来显示反应过程中能量的变化情况。能量图是一个图表，它显示了反应物分子在碰撞和反应过程中所具有的能量，以及反应结束时生成物分子中具有的能量。

图表的横轴表示时间，最左边表示化学反应开始，最右边表示结束。从左到右是时间前进的方向。起初，反应物分子走到一起并发生碰撞。然后它们发生反应，形成产物。最后这些分子分离成单个分子。

纵轴代表能量，从下至上，能量逐渐增加。图表中底部是低能量，顶部是高能

▲ 钾与水反应是放热反应。这个反应释放出巨大的热量，产生闪烁的紫色火焰。

关键词

- **吸热反应：**在反应过程中吸收热量的化学反应。
- **放热反应：**在反应过程中放出热量的化学反应。
- **热：**本质是大量实物粒子（分子、原子等）混乱运动的表现。加热使粒子移动得更快。
- **温度：**衡量分子热运动平均动能的一种方法。

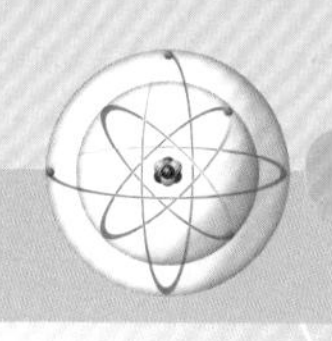

▲ 用于引爆炸药的导火线。爆炸物是在反应时释放大量能量的化学品。导火线燃烧提供了炸药反应所需的初始能量。

量。图表所画的线显示了反应前、反应中和反应后每个阶段的能量值。

能量图通常看起来像一座山。能量开始时很低，随后增加，并达到一个峰值，然后再次减少。“山丘”的顶部代表活化能，那是反应发生所必需的能量。活化能是反应物强烈碰撞所需的最小动能，达到这个能量值后，反应物才能发生反应并形成产物。

你可以从能量图中得知活化能的大

▼ 能量图显示了不同的反应是如何利用能量的。

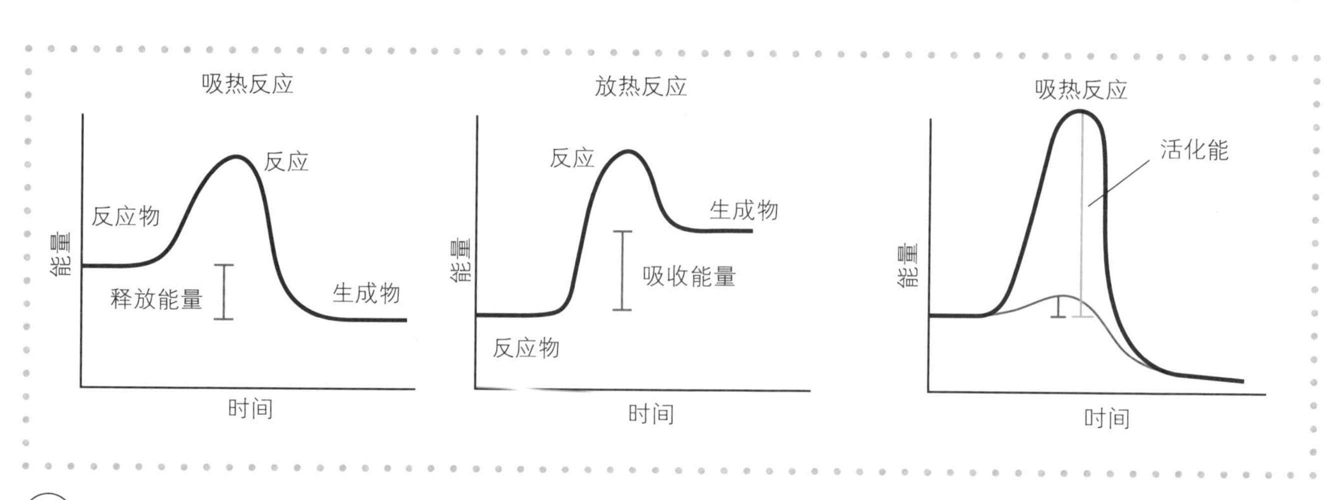

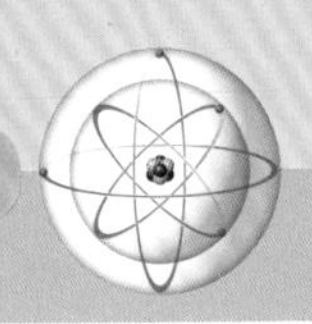

近距离观察

利用能源

汽车的运行离不开汽油这样的燃料。燃烧汽油为汽车提供了前进所需的能量，但这是如何发生的呢？发动机将汽油的势能转换为动能。它通过几个步骤实现这一目的：(1) 与空气混合的汽油被泵入一个汽缸，汽缸内装有一个可以上下移动的活塞。(2) 活塞向上移动并挤压燃料，使其升温。(3) 电火花使加热后的燃料与空气中的氧气发生反应。反应产生了一些气体，这些气体非常热，此时汽油的势能已经变成了热能。热气体迅速膨胀，膨胀的气体推动活塞，迫使它向下移动。热能现在已经转换为动力或动能。活塞的上下运动被齿轮转换为汽车车轮的旋转运动。(4) 最后，活塞再次上升，将用过的气体排出，准备重复上述过程。

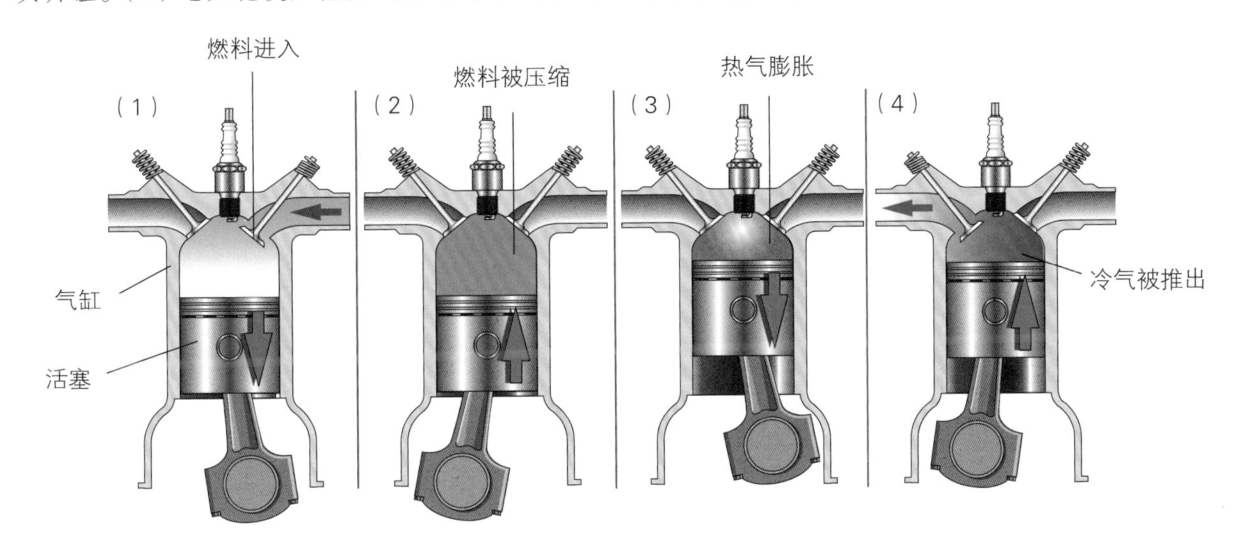

小，它是反应物的能级和峰值之间的差异，能量图还告诉你反应是吸热还是放热。如果反应物的能量高于生成物，那么整体能量被释放了，该反应就是放热反应；如果产物的能量高于反应物，那么能量就被吸收了，该反应是吸热反应。

关键词

- **活化能**：分子从常态转变为容易发生化学反应的活跃状态所需要的能量。
- **能量**：做功的能力。
- **能量图**：显示当反应物分子聚集在一起并形成产物时能量水平的变化图形。
- **做功**：能量由一种形式转化为另一种形式的过程。

5 反应速率

化学反应的速率取决于许多因素，如分子运动的速度和分子连接的紧密程度。人们通过改变这些变量来控制反应的速率。

化学反应速率是指反应物转化为生成物的速度。有些反应发生得非常快，如火药爆炸发生在一瞬间；有些反应发生得很慢，如铜像腐蚀需要经过数年。反应的速率取决于反应物如何相互接触。

反应物颗粒必须在正确的位置上相互碰撞，才能发生化学反应。一般来说，小而简单的反应物更有可能撞到正确的位置，因为出错的空间较小。大型和复杂的反应物则比较困难，因为它们相互接触的方式更多。

为了更好地理解这个想法，想象一下，你有两对图形：一对正方形和一对八角形。当每个图形的一个特定侧面接触到另一个图形时，这两个图形就会粘在一起。找到正方形的连接面可能比找到八角形的连接面要快，因为正方形只有四条边可以尝试，而八角形则有八条边。

同样的事情也发生在化学反应中。小的、简单的反应物迅速生成产物，而大的、复杂的反应物往往较慢生成产物。较大的反应物在正确的反应位置上发生碰撞的概率更小。

化学反应的速率，由各种条件决定。人们通过测量反应物生成产物的速度来计算速率。

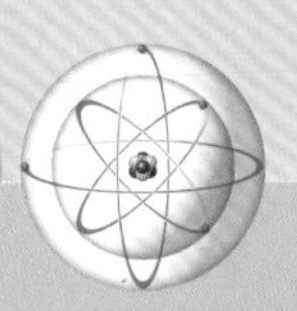

开始反应

测量反应速率要在反应开始之后。有些化学反应是自发的，也就是说，反应是自己开始的。有些反应则需要在开始之前加入能量。

为了理解自发反应是如何进行的，请想象两个房间，这两个房间由一扇封闭的门连接。一个房间喷了空气清新剂，有浓烈的花香味，另一个房间没有。当你打开两个房间之间的门时，一些空气清新剂会自然扩散进另一个房间。很快，两个房间都会充满花香，但香味不会有之前那么浓烈。没有什么东西在推动或吹动香味，它只是自然扩散开来。这种运动是由人们所说的“熵”引起的。

熵是对系统的无序性或随机性的度量。自然界中的大多数事物是无序的，化

近距离观察

随机行为

热力学第二定律指出，化学反应总是增加系统中的熵。这个观点可能难以理解。该定律并没有说所有生成物的熵将高于所有反应物的熵。有些反应会减少熵。例如用碳氢化合物气体制造塑料。然而，该定律指出，孤立系统的熵永不减少。

▶ 这把银叉和银勺由于形成了不稳定的银化合物而变得暗淡无光。因此，这两件餐具的熵值增加了。

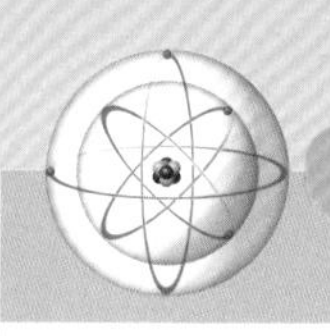

学中的许多事物也是如此。空气中的氧原子不是整齐地排列在一起，它们是随机移动的。无序的系统熵高。物质的熵值高低，取决于它的物质状态和周围条件。气体有很多原子或分子在周围移动，熵就高。固体的原子挤在一起，熵就小得多。液体的熵值介于两者之间。

在化学反应中，反应物的熵在一定程度上决定了反应开始的方式和反应速度。自发反应是由熵驱动的。正如空气清新剂从一个房间移动到另一个房间一样，反应物在自发反应中移动并生成产物。

非自发反应需要外力启动。通常在反应系统中添加能量，使反应物分子移动得足够快，以便它们在碰撞时能够发生反应。

▶ 一壶冰融化成水。在冰的内部，水分子以有序的模式整齐排列。随着冰的融化，水分子的排列变得随机，不那么有序。化学家们认为，水分子的熵增加了。如果将物质放置不管，其熵往往会增加。

试一试

锈蚀率

在上文“生锈的钉子”实验中，我们看了铁和氧气是如何反应生成氧化铁或铁锈的。你可以重复这个实验，研究不同条件下是如何影响反应的速率的。你需要三个罐子和三个新钉子。在罐子1中重复之前的活动。请一位成年人用开水浸没2号罐子里的钉子，然后盖上盖子。在3号罐子里，放置一个钉子，不加水，然后盖上盖子。一天后再回来看，比较结果。

通过改变条件，你改变了反应的速率。罐子1中的钉子将像以前一样生锈。罐子2中的开水含有很少的氧气，所以几乎不会形成铁锈。在潮湿的条件下，反应进行得更快，所以在罐子3中会有很少的铁锈形成。然而，放置的时间久了，空气中的水分可能会让钉子生锈。

化学反应生成产物的速率取决于反应物相互碰撞的频次和力度。有两个因素决定了反应物之间碰撞的频次：浓度和温度。

浓度

再次想象一下带有黏性的八角形图形。如果你只有两个八角形，它们就像气体粒子一样在房间里随机移动，那么在偌大的空间里，这些八角形可能需要很长时间才能相互碰撞。但如果你增加八角形的

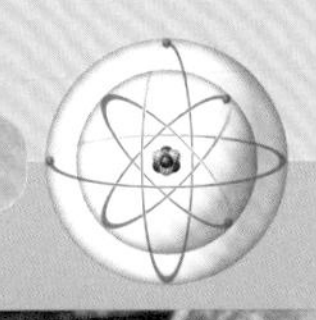

化学在行动

延缓反应

当你把吃剩的晚餐放在冰箱里时，你延缓了有可能使食物变质的化学反应。当有害细菌在食物中繁殖，使其变味时，我们就说食物变质或腐烂了。变质的食物可能使你生病。

细菌利用化学反应生长繁殖。把食物放在冰箱里会降低食物的温度，减慢反应的速度，并减缓细菌生长的速度。这意味着你的食物会保存更久，而你可以晚点再吃剩下的食物。

▶ 冷冻食物几乎停掉了食物内部的所有化学反应。食品在冷冻条件下可以保存几天，仍然可以食用。

“浓度”，使同一空间内的八角形数量增加至1 000个，它们碰撞的概率就会大大增加，相互碰撞的次数也会多得多。因为八角形之间的碰撞次数增多，它们结合的速度也会更快。

在大多数情况下，反应物的浓度会影响反应发生的速率，因为浓度决定了反应物以正确方式相互碰撞的可能性。如果反应物的浓度高，反应就会很快；如果反应物的浓度低，反应就会很慢。

如果一个反应涉及几个反应物，并分一系列步骤进行，那么关于浓度影响的这个一般规则可能就不适用了。这种情况下，反应只能以其最低的速率进行。因此，决定反应速率的只是参与该阶段的反应物的浓度，增加其他反应物的浓度不会有任何影响。

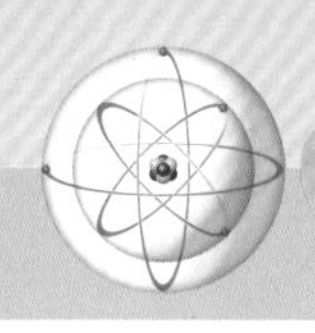

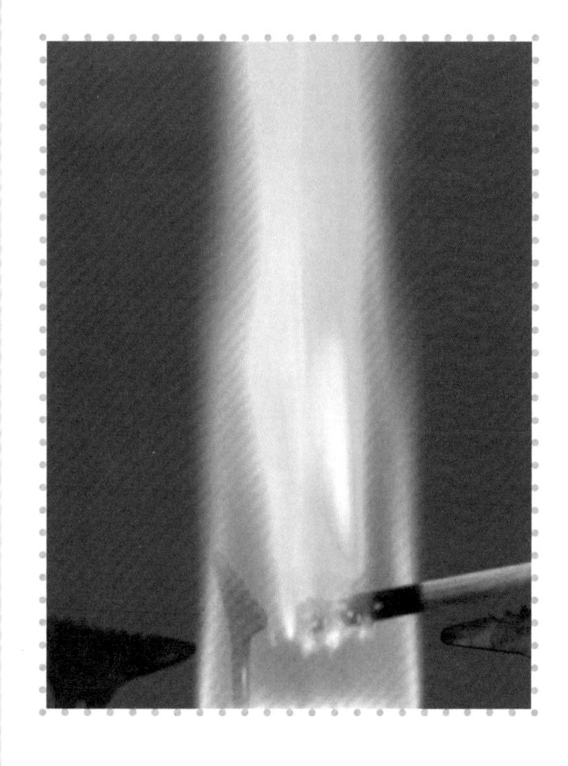

◀ 氧化铜在试管中加热。

加热

反应物的浓度会影响分子的碰撞和结合，温度也会。请记住，温度可以衡量原子或分子的移动速度。低温表明分子运动缓慢，高温发生在分子移动迅速时。

低温、移动缓慢的分子不太可能发生碰撞并产生化学反应。这就是为什么冷藏的食物一段时间内不会与空气发生反应从而变质。热的、快速移动的原子更有可能以正确的方式碰撞并发生反应。这也是为什么食物在较高的温度下熟得更快（但温度太高就会烧焦）。然而，这并不是故事的全部。

原子在不同温度下拥有的能量也会影响反应速率。在低温时，即便原子确实在正确的位置碰撞了，它们也会因为没有足够的能量而不能形成键。在高温时，原子不仅更有可能发生碰撞，而且更有可能在碰撞时拥有足够的能量进行反应。

控制反应

浓度和温度是影响反应速率的两个因素。这些因素在反应过程中可以被改变，它们在所有的反应中都发挥着作用。人们还可以引入物质来减缓或加快反应速率。催化剂是提高反应速率的物质，抑制剂是减缓或停止反应的物质。这些物质既不是反应物，也不是生成物，它们在化学反应的过程中没有变化。催化剂和抑制剂的作用是改变活化能。活化能是分子从常态转变为容易发生化学反应的活跃状态所需要的能量。但是，它们并不改变反应释放或吸收的能量多少。

催化剂降低活化能，使反应物可以在低温下生成产物。催化剂为反应物提供了一个平台，反应物聚集在一起，在不需要很多能量的情况下发生反应。例如，汽车上的催化转换器使用一层薄薄的铂和铱作为催化剂，这些金属有助于清除汽油和柴油燃烧产生的有害气体。有害气体分子附着在催化剂的表面与氧气发生反应，生成危害较低的气体。例如，转换器将有毒的一氧化碳气体（CO），转化为二氧化碳气体（CO_2）。

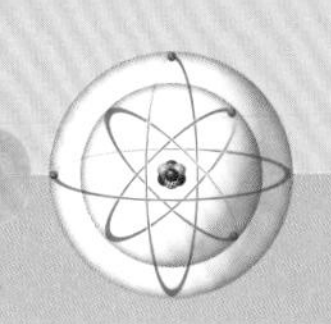

近距离观察

◀ 碳酸钙与酸反应，产生二氧化碳气体。当把碳酸钙制成粉末时（如左图），它会比块状固体反应更快。

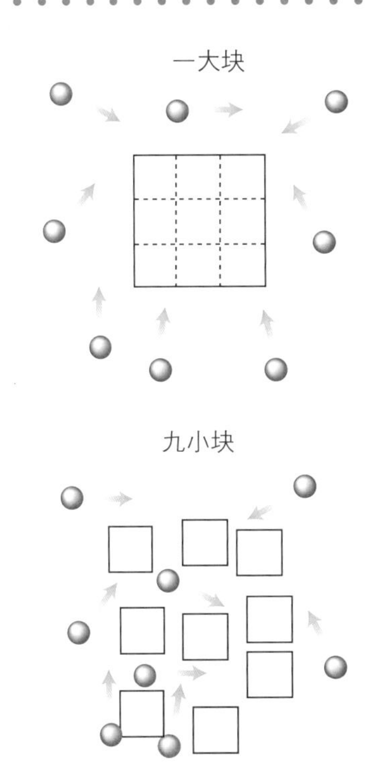

▲ 同等大小的固体在变成小块后会更快地与其他反应物接触。

大小和速度

当反应物中有固体时，固体的大小将影响反应的速率。反应发生在反应物接触的地方，即固体的表面。与粉末物质相比，大型固体的表面积相对较小。大部分的反应物被锁在固体内部，不能参与反应，因此反应进行得很慢。如果固体被磨成细粉，其总表面积就会大大增加，更多的反应物可以参与反应，反应会发生得更快。

抑制剂增加了活化能。活化能增加后，只有较少的分子有足够的能量碰撞生成产物，反应速率减慢。抑制剂常通过与反应物之间形成键来发挥作用，因此其他分子无法与其结合。发生在活细胞内的许多反应受到抑制剂的影响。

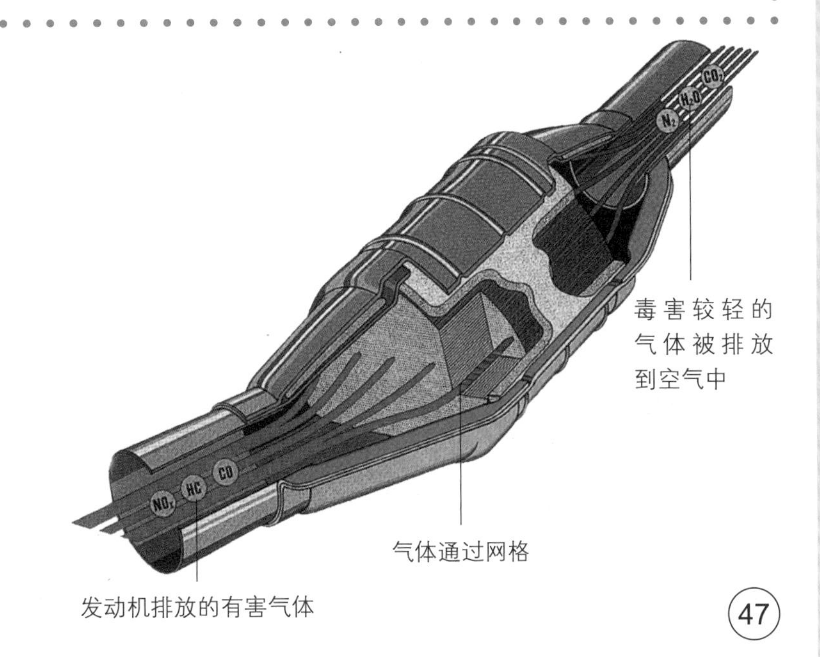

▶ 汽车催化器内部示意图。发动机废气通过一个涂有铂和铱的网格。这些催化剂将汽车尾气中的污染物，如氮氧化物、未燃烧的碳氢化合物和一氧化碳，转化为二氧化碳、水和氮气。

6 电化学

化学反应可以产生电能。反应电子朝一个方向流动，产生电流，电流可以为机器提供动力。

电化学利用氧化还原反应来产生电能。当电子从一种化合物移动到另一种化合物时，就会发生氧化还原反应。电化学中，在氧化还原反应过程中交换的电子被迫从一个地方移动到另一个地方，这些移动的带电粒子产生了电流。

氧化还原反应是氧化反应与还原

电池含有化学物质，它们发生反应时产生电流。

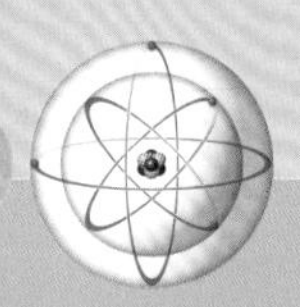

反应的简称，反应由这两部分组成。当一种化合物获得电子时就会发生还原反应。当一个化合物失去电子时，就会发生氧化反应。化学家使用一种叫作伏打电堆的装置产生稳定持续的电流。伏打电堆是以亚历山德罗·伏特（1745—1827）的名字命名的，他是一位意大利伯爵，于1799年发明了这个装置。伏特（V）——用于测量电动势、电势差、电压的单位，也是以他的名字命名的。

伏打电堆

伏打电堆就像一个泵，它迫使电子从一个地方移动到另一个地方。在一个简单的装置中，有两盘化学溶液通过U形管道连接起来。一个盘子是发生还原反应的地方；另一个盘子是发生氧化反应的地方。电子必须通过管道在这两个盘子之间移动。管道内装满了离子溶液用以携带电子。

每个盘子里都有一根叫作电极的金属棒。金属是良好的电导体，它们内部有许多自由电子。金属电极作为电子的储存库，一旦用导线将它们相互连接，就可以在需要时传输电流。

人物简介

法拉第

英国化学家法拉第（1791—1867）因研究电化学而被人们熟知。法拉第是一个铁匠的儿子，小时候他通过阅读书籍、在实验室帮忙来学习化学知识。成年后，他发现了电解定律，并在电和磁之间建立了联系。他制造了第一台电动机和发电机，并第一个使用了电解质、电极、阳极和阴极等术语。

▲ 法拉第是英国著名的化学家。

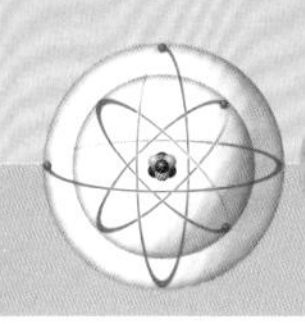

发生还原反应的电极被称为阴极。阴极通常被标记为“–”，因为电子形成的电流从它那里流走。发生氧化反应的电极被称为阳极。阳极被标记为“+”，因为电流流向它。

电极浸泡在含有氧化还原反应的液体中。反应的两个部分持续发生，直到其中一种反应物耗尽。在还原反应中，反应物从阳极获得电子，生成产物，然后附着在阳极上，逐渐形成镀层。

通过这种方式，阳极不断向反应物提供电子。在阴极则发生相反的情况。反应物被氧化，并且放出电子。阴极收集这些电子。

电子流经电极之间的电线。电子是带负电的，所以它们从负的阴极流向正的阳极。电流有能量，这种能量可以沿着电线传输，为机器运行提供动力。

伏打电堆中的氧化还原反应可以使用不同类型的化学品，但大部分是金属。一个反应使用了锌和二氧化锰，纯锌被氧化成氢氧化锌并释放电子，二氧化锰被还原成三氧化锰并获得电子。

现代电池

现代电池是便携版的伏打电堆。电池有许多形状、大小和功率，但它们都是储

工具和技术

测量电力

电流表测量的是电流的强度。它包含一个由磁铁包围的线圈。电流通过线圈时，线圈产生磁力，推动磁铁。磁力使线圈扭动，移动指针。指针沿刻度盘转动，指示电流大小。当电流关闭时，线圈和指针被弹簧拉回至起始位置。电流强度的单位是安培（A）。

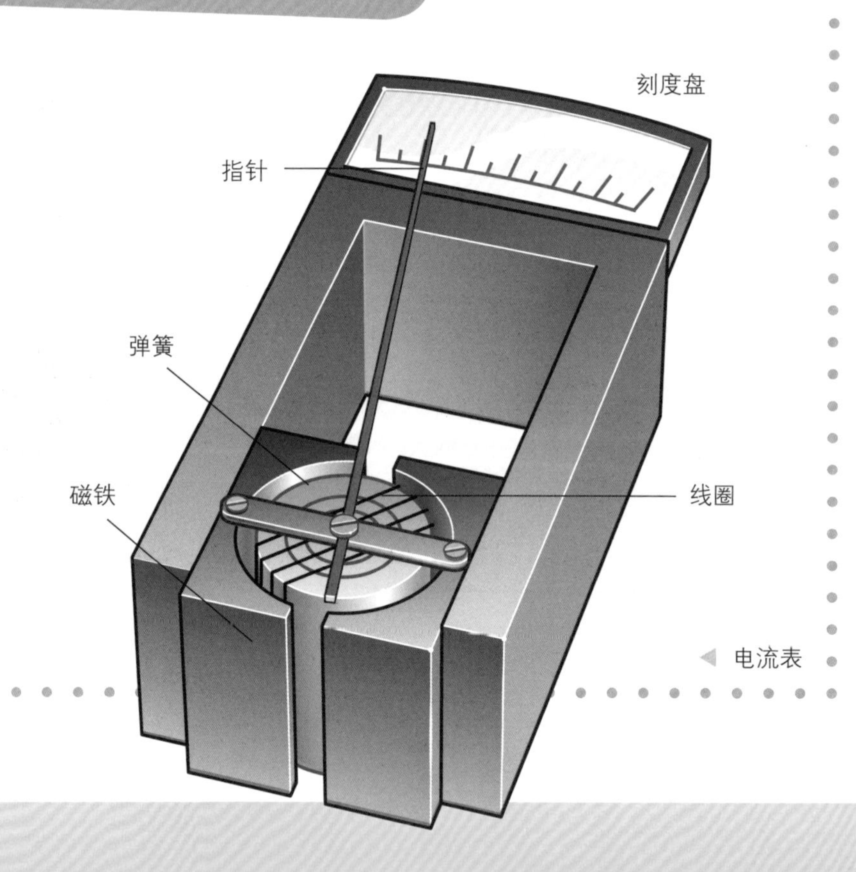

电流表

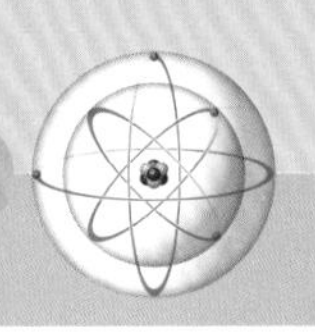

试一试

水果发电

你可以用水果做一个伏打电堆。把一个柠檬压在桌子上滚动，将里面的果肉挤成汁液。将一根25厘米长的铜线插入柠檬的侧面，这就是阴极。将一个拉直的回形针紧挨着铜线插到柠檬中，这是阳极。它们都插入柠檬12.5厘米深，且不相互接触。

用你的舌头同时接触阴极和阳极。你感觉到了什么？水果电池发生反应，释放出电子，在你的舌头上移动。你会觉得舌头有轻微的麻痒感，但不会痛。

存化学能，再通过氧化还原反应将其转化为电能来工作的。

所有电池都包含一个阳极（扁平的负极）和一个阴极（凸起的正极）。电极不再使用U型管分离，而是由一种称为电解质的混合物分开。电解质含有离子。离子是在原子获得或失去电子时形成的。这让原子带了电荷。正离子失去了电子，而负离子获得了电子。离子流经电解质，在电极之间传输电荷。当电池放在桌子上时，因为没有任何东西连接阳极和阴极，所以里面没有发生氧化还原反应。当你把电池

▶ 丹尼尔电池

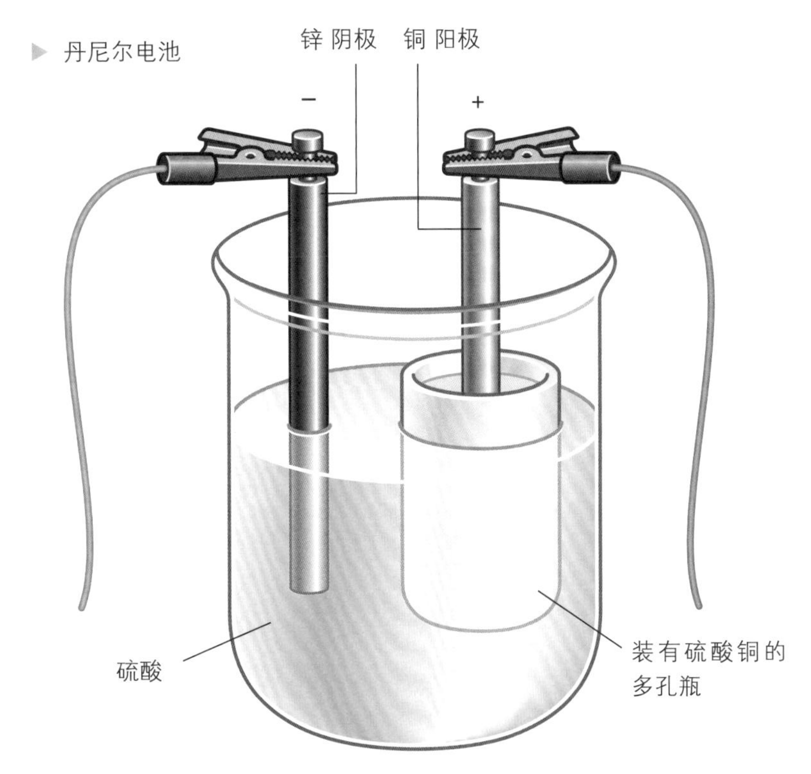

▲ 丹尼尔电池是约翰·丹尼尔（1790—1845）发明的一种电池。电池阳极是固体铜，阴极是金属锌。该电池有两个电解质。阳极浸泡在硫酸铜溶液中，而阴极浸泡在硫酸中。这两种液体用一个多孔瓶分开。阴极中的锌原子被氧化了。它们失去两个电子，形成锌离子（Zn^{2+}）。这些离子溶解在酸中。硫酸铜中的铜离子（Cu^{2+}）被还原。它们从阳极获得电子并形成铜原子，这些铜原子附着在阳极。

▼ 阴极释放的电子通过一根导线移动到阳极，产生1伏特的电流。

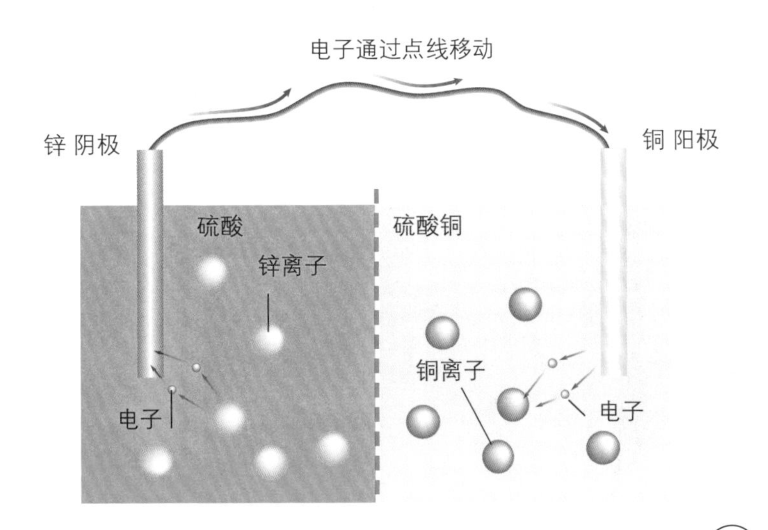

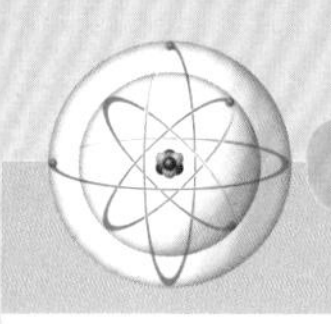

▼ 现代电池比伏打电堆更复杂，但它们都同样利用了电化学反应。在这个例子中，阴极是一种含有二氧化锰的糊状物。这种糊状物也是电解质。阳极是粉末状的锌。一根金属棒将电子从阴极转移到电路的其他部分。

关键词

- **阳极**：伏打电堆中发生氧化反应的地方。
- **阴极**：伏打电堆中发生还原反应的地方。
- **电极**：伏打电堆中储存电子的地方。
- **电解液**：含有离子的液体，在电极之间传输电流。
- **电压**：电路中两点间的电势差。

放进一个设备，如手电筒，你在阳极和阴极之间建立了一个路径。当电路被建立起来时，氧化还原反应就开始了。电路是一个闭合的路径，电流可以经过。如果电路中断，电就不会流动。

当电池内的氧化还原反应开始时，就会产生电流。电池中储存了固定数量的反应物。当反应物完全用完时，就是我们说的电池“没电了”。没电的电池不能再产生电，因为化学反应不会再发生。

有些电池是可充电的。它们的工作方式与普通电池相同。当可充电电池没电时，你可以给它充电，来自插座的电力迫使可充电电池内的所有反应反向运行。阳极变成阴极，阴极变成阳极，生成物变成反应物。这产生了一个新的原始反应物来源，所以电池可以再次发电。

电解电池

电解电池与伏打电堆相反。伏打电堆使用氧化还原反应来产生电能。电解电池使用电能来产生氧化还原反应。电解是将电流通过溶液引起氧化还原反应

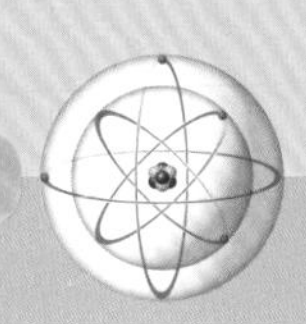

试一试

游戏币电池组

电池曾经被称为电池组，因为它们是由一组一组的伏打电堆制成的。你可以用一些一分游戏币、一角游戏币、纸巾和一些浓缩柠檬汁来自己制作电池组。游戏币是电极——一分钱是阳极，一角钱是阴极。柠檬汁是电解质。

将纸巾切成大约10个边长2.5厘米的方块。将这些方块放在柠檬汁中浸湿。使用结实的纸巾，这样它就不会在湿了之后破裂。将电线的一端夹在一分钱上，然后开始按以下顺序堆叠：一分钱、一角钱、纸巾、一分钱、一角钱、纸巾，依次类推。将所有的纸巾都用完，最后在上面放上一角钱。将第二根电线连接到这个放在顶部的一角游戏币上。

将电线的另一端连接到一个电流表上。如果电流表没有读数，就把电线交换一下。你可以用咸水代替柠檬汁来重复这个实验。也可以用铝箔和铁钉做桩。这些变化会导致电流的大小略有不同。

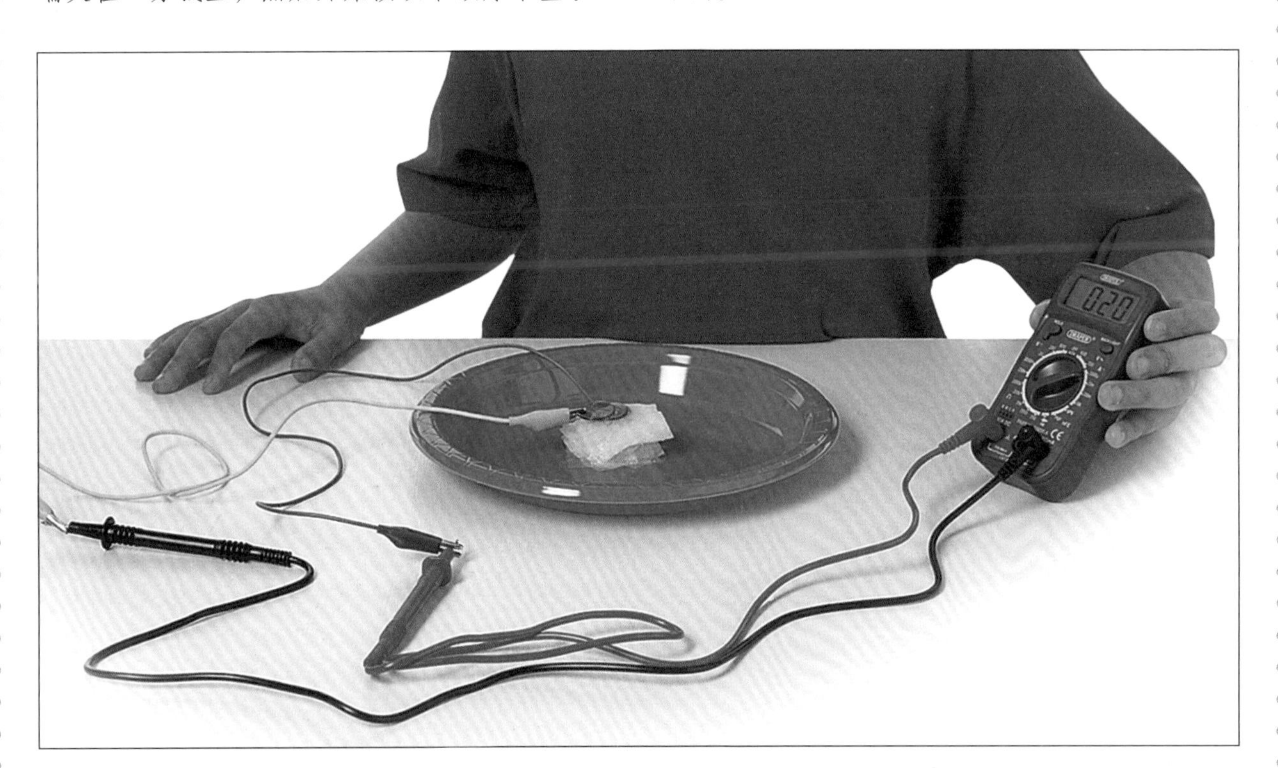

▲ 用一分钱和一角钱制成的电池组。两个游戏币叠在一起构成一个电池单元。纸巾是用来把一个电池单元和另一个电池单元分开的。柠檬汁穿透纸巾，因此电流会流过整个电池组。连接一个电流表或电压表，看看有多少电流产生。

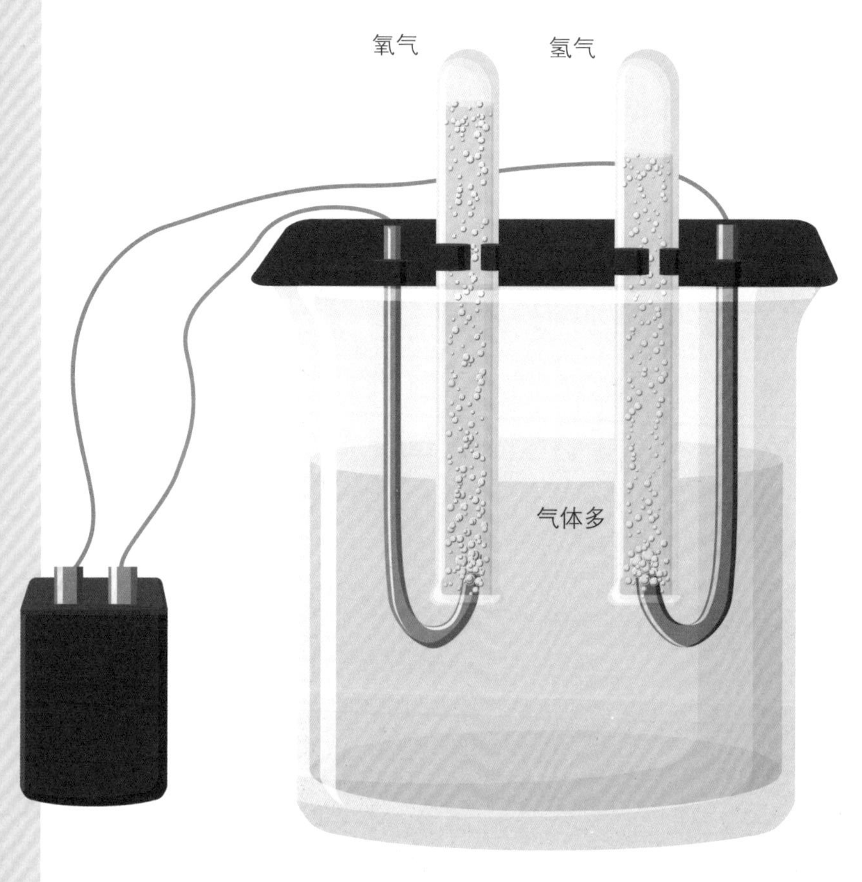

▲ 电解将水分解成氢气和氧气，气泡在电极上形成，并被收集在倒置的试管中。电解水产生的氢气是氧气的两倍。

的过程，该反应通常涉及稳定的化合物被分解。“电解”一词的意思是“用电解开”。例如，在电解水的过程中，水分子被分解成氢原子和氧原子。化学家给液态水通电来启动反应，反应的基本方程式为：

$$2H_2O \longrightarrow 2H_2 + O_2$$

像所有的氧化还原反应一样，水的电解有两个部分。水在阴极被还原，分子得到电子。这导致水分子分裂成氢气（H_2）和氢氧根离子（OH^-）。

$$2H_2O + 2\text{电子} \longrightarrow H_2 + 2OH^-$$

离子留在水中，但氢气在电极上形成气泡，从水中散发出来。

在阳极，水被氧化了，水分子失电子，形成氧气（O_2）和氢离子（H^+）。

$$2H_2O \longrightarrow O_2 + 4H^+ + 4\text{电子}$$

氧气像氢气一样从液体中冒出。电子沿着电线到达阴极，参与更多水分子的还原。

燃料电池

氢燃料电池使用氢气和氧气来发电。氢燃料电池与现代电池类似，但反应物来源不同。电池内部储存反应物，但电池空间是有限的，当反应物耗尽时，电池就会失效。燃料电池的反应物储存在外面并被泵入电池，因此不受电池内部空间限制。在氢气燃料电池中，氢气和氧气结合形成水。当它们发生反应时，所释放的能量被用来产生电能。氢燃料电池是一种前景广阔的动力来源，它们只产生水蒸气，不产生任何有害物质。

电化学和金属

电解提纯是通过电解将纯金属从其化合物中分离出来，这个过程与电解水的过

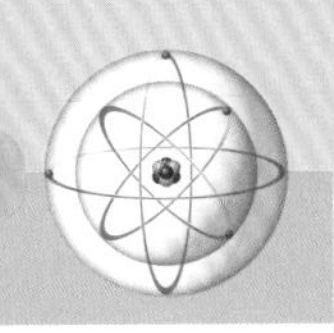

程相同。在自然界中，大多数金属是以化合物的形式存在的。电解通常是提取活性金属的有效方法。

金属化合物被溶解或熔化，成为一种电解质。电解提供了从化合物中提取金属原子所需的能量。金属原子聚集在一个电极上，废料集中在另一个电极上。

同样的电解过程可以用来为物体覆盖一层薄金属，这就是所谓的电镀。人们购买的金项链很可能就是另一种类型的金属覆盖着一层非常薄的黄金。

在电镀过程中，待镀的物体是阴极，用于涂层的贵重金属溶解在电解液中，是阳极。电解使阳极金属沉积到阴极上，形成镀层。

◀ 一条镀金的项链。廉价的珠宝首饰通过电镀一层非常薄的贵金属而显得贵气。

化学在行动

电池组

你放在手电筒、收音机、遥控器和其他便携式电子设备中的电池，是由几个叠放在一起的伏打电堆组成的。组合在一起的电池，称为电池组，它们可以产生比单个电池更多的电。电池的大小表明了内部电池单元数量的多少。一个9伏的电池由6个1.5伏的电池单元组成。一个12伏的汽车电池由6个2伏的电池单元组成。

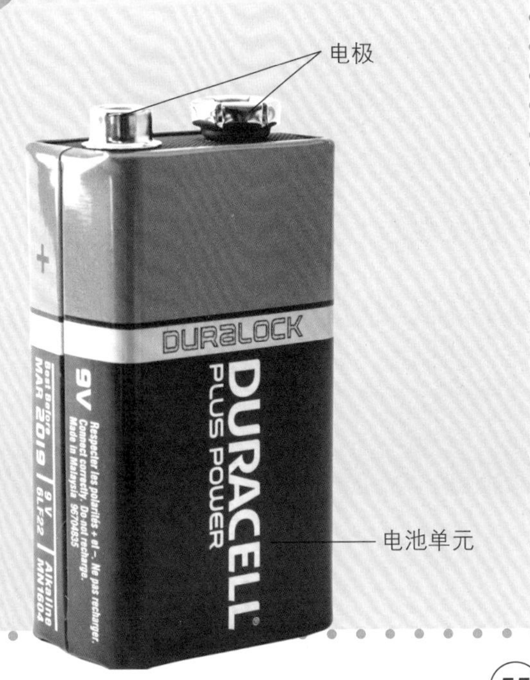

▶ 一个电池。电池中含有危险化学品，在家中切勿打开。

7 核反应

核反应将一种元素变成另一种元素，在此过程中释放出巨大的能量。人们研究如何安全地控制核反应，以便它们可以产生能量。

核反应是涉及原子核内粒子的反应。所有的化学反应只涉及原子核周围空间中的电子，没有一个影响原子核本身。核反应是不同的，因为它们通过改变原子核内质子的数量将一种元素变成另一种元素。

不稳定元素

核反应涉及一组元素，人们称它们为放射性元素。放射性元素有不稳定的原子。当它们与另一种粒子（如中子）碰撞时，这些原子的原子核常会破裂。核中有83个或更多质子的元素是最具放射性的。

这些原子之所以不稳定，是因为有太多质子挤在原子核里。质子是带正电的，所以它们不断地相互排斥。它们没有四散而飞的原因是有一种更强大的力量将质子和中子固定在

太阳的热和光是由太阳中心的核反应产生的。

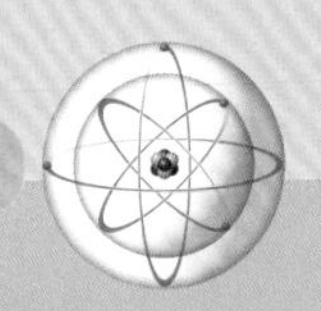

一起，这种力被称为强核力。强核力只在很小的距离内起作用，它对原子核之外的粒子没有影响。在一个不稳定原子的原子核中，强核力不足以将所有的粒子聚集在一起。最终，原子核开始破裂或衰变。

放射性衰变发生时，原子核会放出小粒子。这些粒子通常被称为辐射。辐射的类型有三种，分别以希腊字母命名：α、β和γ。α粒子由两个质子和两个中子构成，β粒子由一个电子构成，而γ粒子能发出能量。

化学在行动

核能

核电站利用核反应释放的能量发电。核反应产生的热量将水烧开产生蒸汽。蒸汽驱动涡轮机的大型叶片旋转。发电机将涡轮机旋转运动产生的能量转换成电能。煤炭和天然气发电厂也是这样发电，只不过他们用煤或天然气烧火来加热水。

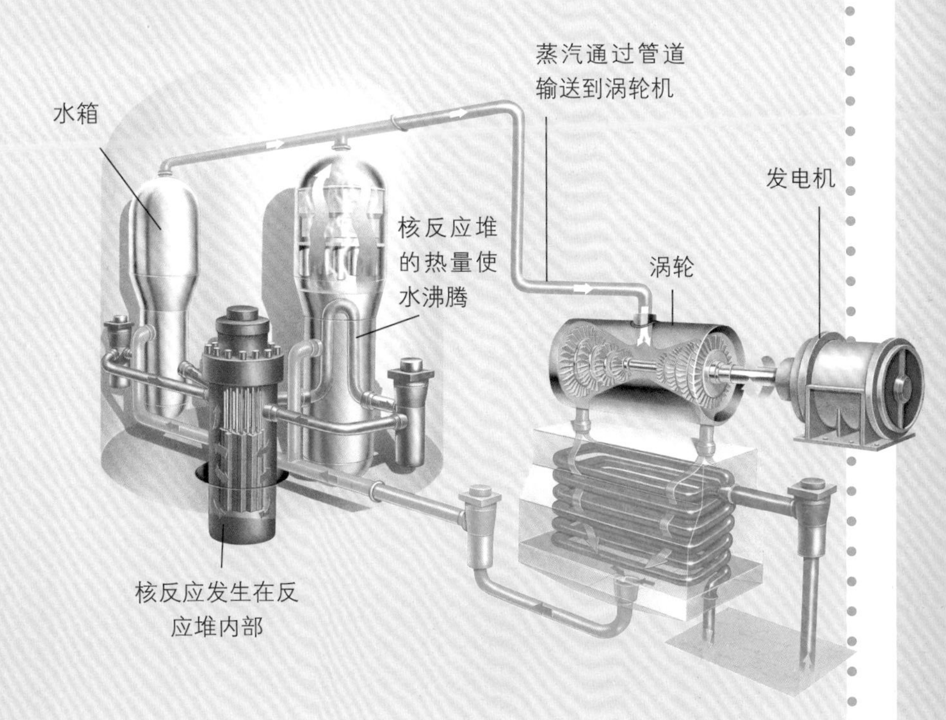

▶ 通过核反应产生热量发电的示意图

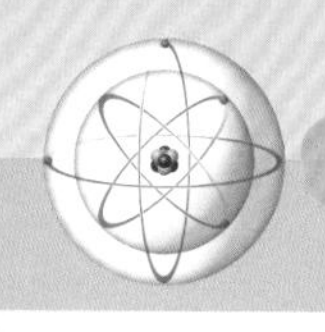

◀ 一名电厂工人穿着防护服，戴着手套和头罩，保护自己免受辐射。

辐射

如果你有听说过核反应，那可能是在辐射对健康的影响这一方面的相关信息中了解到的。高剂量的辐射会损害活细胞致其死亡，或者引起致命性疾病。

就像太阳光会晒伤皮肤一样，核辐射会灼伤皮肤。在身体内部，辐射则更加危险。它会破坏细胞，使细胞不再正常工作，也可能损害细胞的DNA，导致细胞以错误的方式运作。DNA是脱氧核糖核酸的缩写，它是一种分子，携带构建活细胞所需的信息。DNA损坏会导致疾病。例如，细胞可能会过快生长，长成癌性肿瘤。

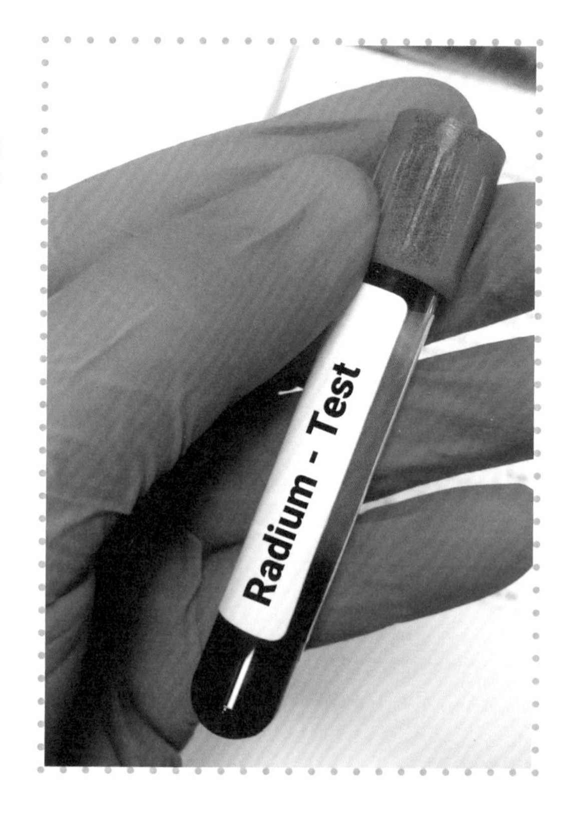

▶ 镭是一种危险的物质。它的辐射朝各个方向均匀地释放。

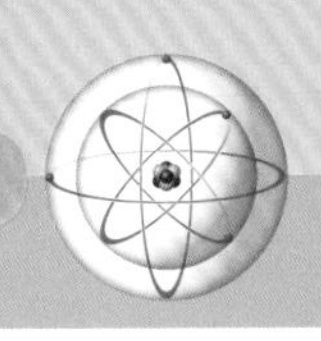

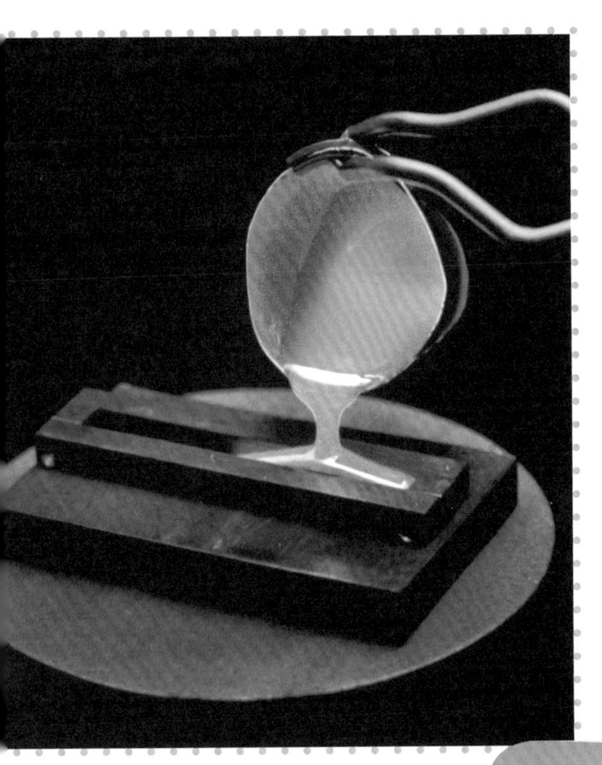

◀ 熔化的玻璃被倒入一个模具中，玻璃中含有来自核反应堆的放射性废物。玻璃可以防止辐射泄漏出来。这项技术正用来研究玻璃能否用于安全地储存核废料。

在建造核电站时，辐射泄漏是需考虑的大问题。如果核电站出了问题，辐射会扩散到环境中，伤害该地区的生物。例如，1986年，乌克兰切尔诺贝利的一个核反应堆发生爆炸，辐射扩散到20万人的家中，所有人都不得不疏散。

核电站的另一个主要问题是它们产生的核废料。核反应在这些废料中继续进行，并能在一万年或更长的时间内持续释放辐射，因此这些废料必须被一直妥善储存。尽管人们对核电站的安全问题和储存核废料的成本感到担忧，但核电产生的污染要比其他发电方式少。

工具和技术

辐射探测

盖革计数器可以用来测量辐射强度。盖革计数器的内部是一个充满气体的管子。辐射进入管子，致使电子与气体分子分离，气体分子变成离子。管子内的金属丝获得电子，生成电脉冲。每个脉冲都表明有一个辐射粒子与管内的气体发生了碰撞。

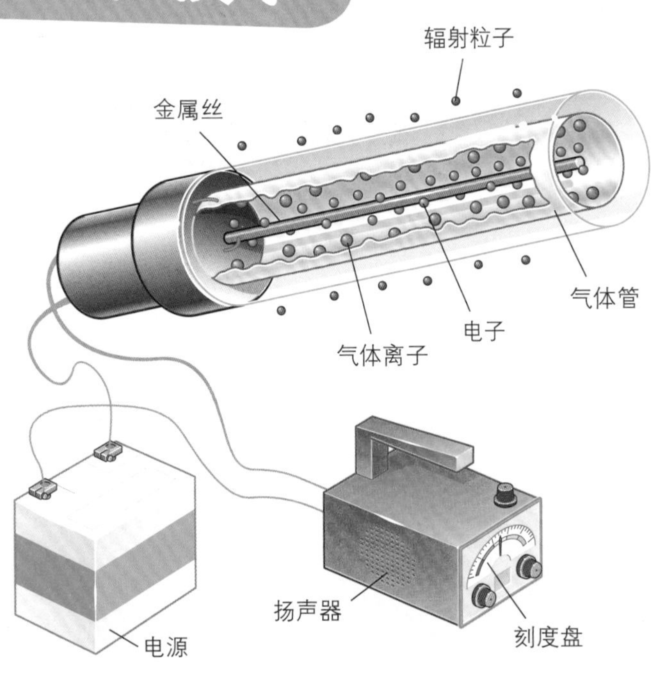

▶ 盖革计数器工作原理示意图。计数器通过刻度盘的刻度和扬声器发出点击声，显示管内的辐射量。

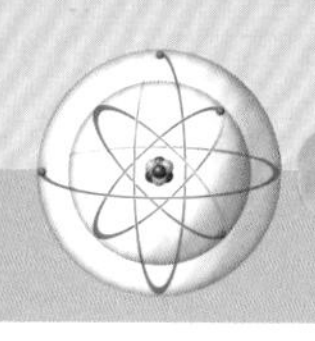

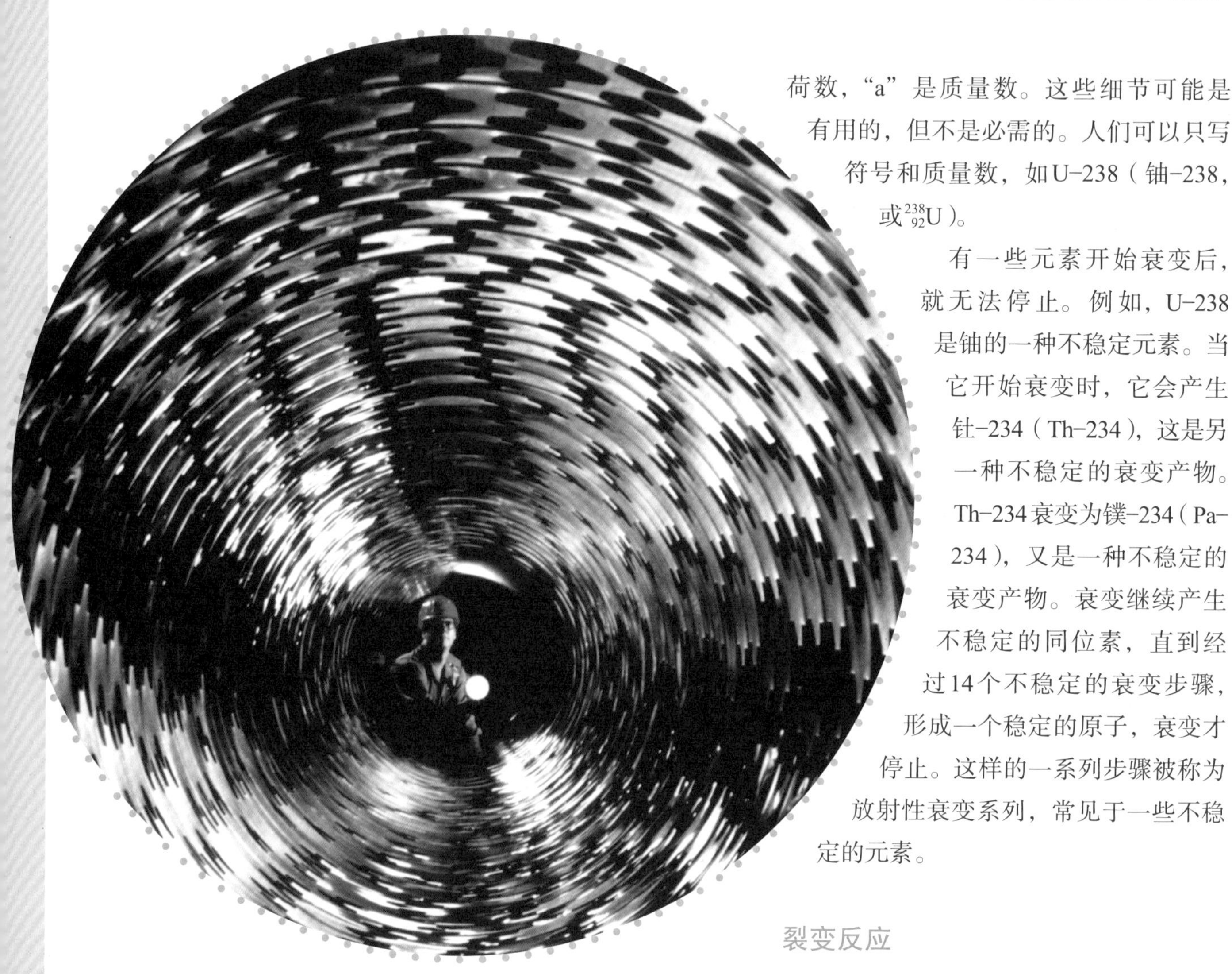

▲ 一种叫离心机的机器被用于分离铀的同位素。六氟化铀气体在离心机的转鼓内旋转，从转鼓上的孔中甩出。较轻的同位素更先从转鼓中甩出。

同位素

某些形式的元素比其他形式的更具放射性。同位素是具有相同序数而质量数不同的核素。一些同位素比其他同位素更具放射性，因为质量数使它们不稳定。

了解同位素的书写方式，有助于获取更多关于同位素的信息。人们以两种方式书写同位素。一种写法是：${}^{a}_{z}X$，其中“X”是化学符号，“z”是核电荷数，“a”是质量数。这些细节可能是有用的，但不是必需的。人们可以只写符号和质量数，如U-238（铀-238，或${}^{238}_{92}U$）。

有一些元素开始衰变后，就无法停止。例如，U-238是铀的一种不稳定元素。当它开始衰变时，它会产生钍-234（Th-234），这是另一种不稳定的衰变产物。Th-234衰变为镤-234（Pa-234），又是一种不稳定的衰变产物。衰变继续产生不稳定的同位素，直到经过14个不稳定的衰变步骤，形成一个稳定的原子，衰变才停止。这样的一系列步骤被称为放射性衰变系列，常见于一些不稳定的元素。

裂变反应

裂变反应是核反应的一种类型。裂变反应发生时，一个中子撞击一个大原子核，将其分解成两个或多个具有较小原子

关键词

- **半衰期**：放射性同位素以特定的速度衰变。放射性元素的核数目减少到原来的一半所需的时间。

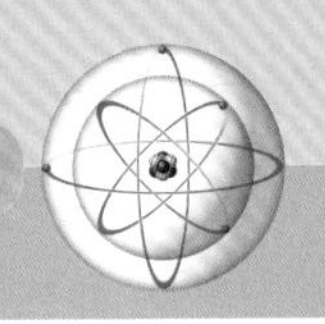

核的新元素。一般来说，裂变反应的方程式是这样的形式：

$$ {}^{a}_{z}W + n \longrightarrow {}^{a}_{z}X + {}^{a}_{z}Y + n $$

元素W被一个中子（n）轰击，产生两个新元素X和Y，以及众多的中子。和以前一样，数字“a”和“z”代表质量数和核电荷数。

化学反应在不同的元素之间建立化学键，而裂变反应实际上创造了新的元素。裂变反应还释放出大量的热量和若干中子。然后这些中子可以自由地轰击其他放射性原子核，并产生更多的裂变反应。这是一个连锁反应。发电厂的核反应堆控制着连锁反应，缓慢、安全地释放热量。

聚变反应

聚变反应与裂变反应相反。聚变反应轻原子核聚合为较重的原子核，并释放出大量的能量。聚变反应非常难启动，需要巨大的能量才能开始。

太阳内部是一个持续发生聚变反应的地方。太阳通过聚变将氢原子变成氦，并释放出能量，照亮和温暖我们的星球。

在地球上，科学家们已经研究过许多种从聚变反应中发电的方法。这个反应需要大量的能量来启动，因此不容易研究。为了测试聚变反应中释放的能量是否比启动启应所添加的能量多，科学家们正在试着建造聚变反应堆。如果这一观点能被证实，核聚变可能会成为一种获取能量的新方法。

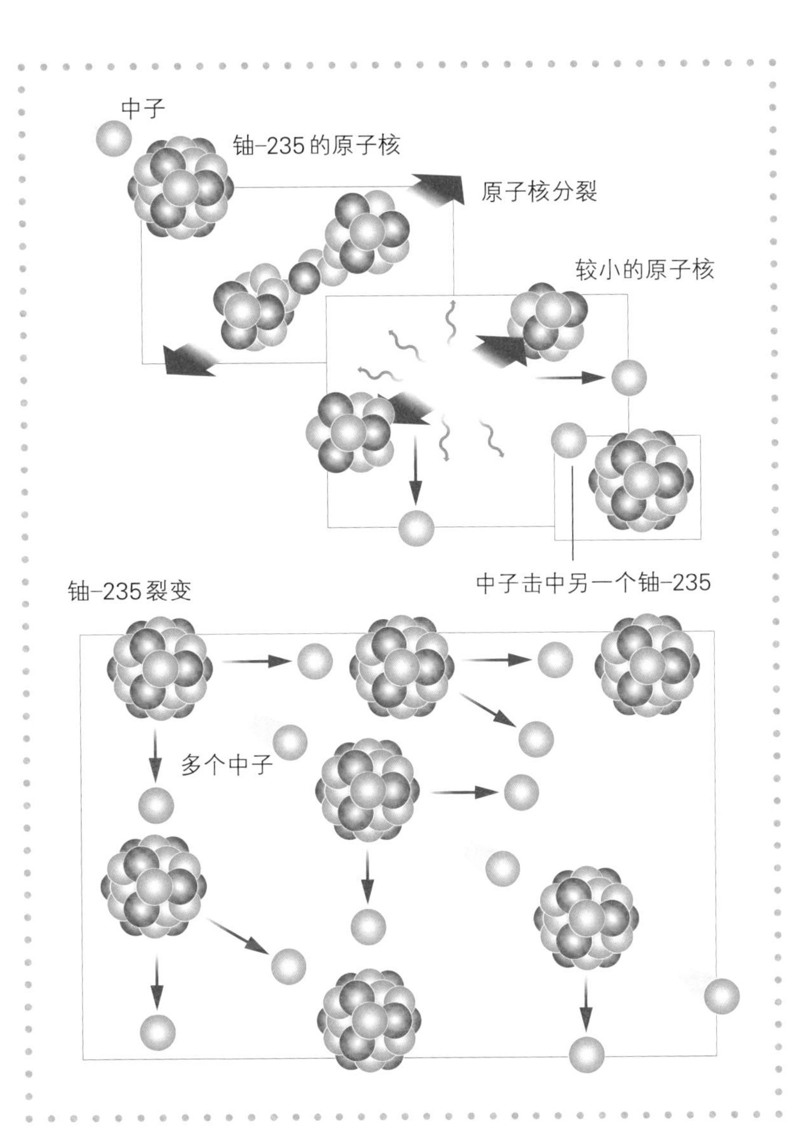

▲ 核裂变引起连锁反应的示意图。一个中子击中一个铀-235（U-235）的原子核。该原子核一分为二，并释放出多个中子。然后中子击中更多的铀-235原子，引起更多的裂变反应。

能源

你已经知道，宇宙的两个基本组成部分是物质和能量，它们在化学反应中相互作用。在核反应中，物质和能量仍然是存在且必需的，但反应的规则不同。在核反

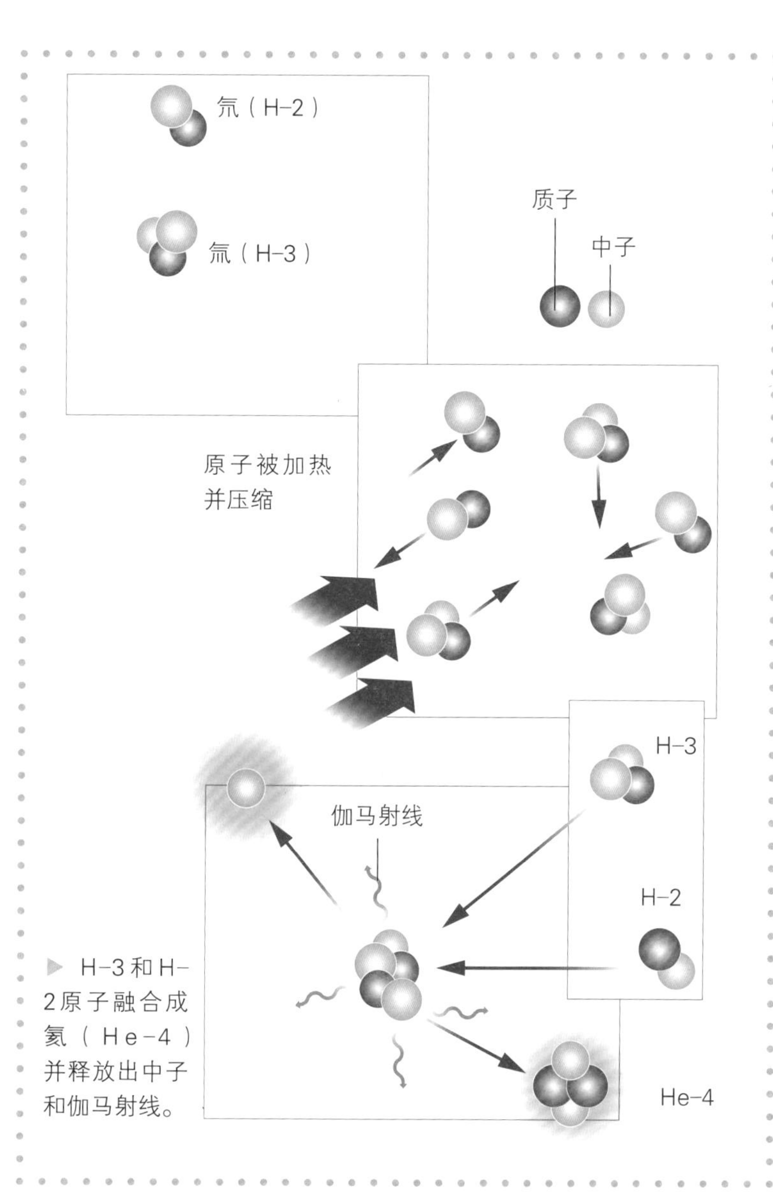

▶ H-3和H-2原子融合成氦（He-4）并释放出中子和伽马射线。

◀ 太阳核聚变反应示意图。在太阳中发生的核聚变反应的示意图。两种放射性的氢同位素——氘和氚——融合成一个氦原子。正常的氢原子（H）的原子核中只有一个质子，这个单一质子就是它的原子核。氘（H-2）的原子核中有一个质子和一个中子，而氚（H-3）有一个质子和两个中子。

应中，物质可以从一种元素转变为另一种元素。但是，物质也可以转化为能量。

核反应释放出巨大的能量，是因为原始核中的一些物质被转化为能量。因为化学家知道涉及的质量，他们可以用著名的方程式$E=mc^2$来计算能量。E是能量，m是质量，而c是真空中的光速。这个方程是由伟大的科学家爱因斯坦（1879—1955）提出的。因为光速的数值十分巨大，所以即使只有少量的质量也能产生巨大的能量。

配平核方程

为了平衡一个化学方程式，你要计算原子的数量。要配平一个核方程，你要计算亚原子粒子的数量。

反应前后原子的种类没有改变，数目没有增减，原子的质量也没有改变。元素之间不会结合成化合物，相反，一种元素会转变为另一种元素。

例如，当铀-235（U-235）原子被一个中子（n）击中时，它会发生裂变反应，分解成两个较小的元素，即钡（Ba-142）和氪（Kr-91）：

关键词

- **核裂变**：原子核分裂为两个质量相似的核，同时放出中子的过程。
- **核聚变**：轻原子核聚合为较重的原子核，并放出巨大能量的过程。
- **同位素**：具有相同序数而质量数不同的核素。许多同位素具有放射性。

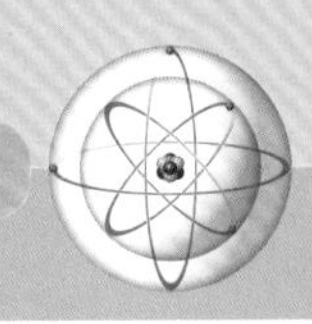

$$^{235}_{92}U + n \longrightarrow ^{142}_{56}Ba + ^{91}_{36}Kr + 3n$$

这个方程是平衡的。反应物中的粒子数（235+1）与生成物的粒子数（142+91+3）相等。

◀ 爱因斯坦是20世纪最伟大的科学家。他的研究促成曼哈顿计划制造出第一枚核弹。这个项目利用了爱因斯坦关于物质和能量的理论来制造核弹。

近距离观察

核爆炸

第一颗实战的原子弹是美国在1945年投放到日本的。它包含两块分离的铀金属。核弹由一个普通的炸药引爆，它将较小的金属块射到较大的金属块上。这两个金属块结合在一起，形成了足够大的铀块，达到了临界质量，开始进行裂变反应。一个不受控制的裂变连锁反应在巨大的爆炸中释放出热量和辐射。这颗炸弹导致14万人死亡。一些人在爆炸中死亡，但更多人死于爆炸后的核辐射。

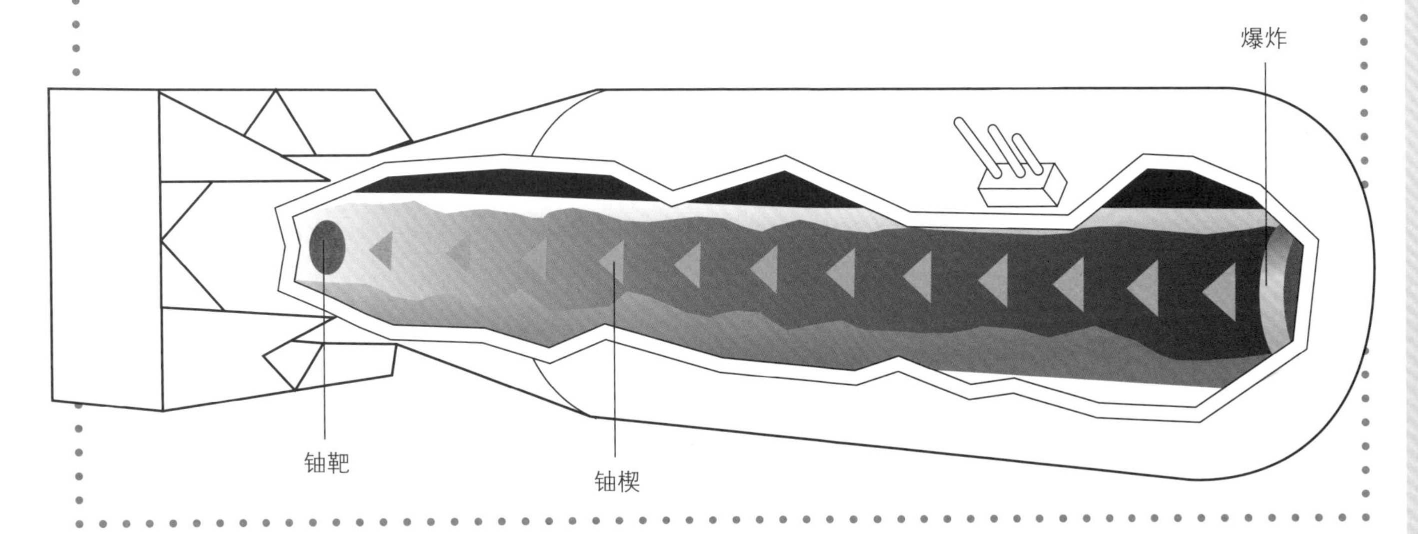

元素周期表

元素周期表是根据原子的物理和化学性质将所有化学元素排列成一个简单的图表。元素按原子序数从1到118排列。原子序数是基于原子核中质子的数量。原子量是原子核中质子和中子的总质量。每个元素都有一个化学符号，是其名称的缩写。有一些是其拉丁名称的缩写，如钾就是拉丁名称

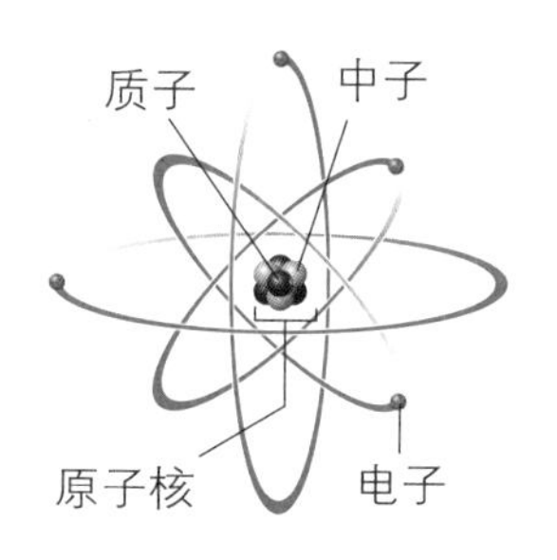

原子结构

33 As 砷 74.92160(2)	
33	原子序数
As	元素符号
砷	元素名称
74.92160(2)	原子量

图例：氢；碱金属；碱土金属；金属；镧系元素

	Ⅰ A	Ⅱ A	Ⅲ B	Ⅳ B	Ⅴ B	Ⅵ B	Ⅶ B	Ⅷ B	Ⅷ B
1	1 H 氢 1.00794(7)								
2	3 Li 锂 6.941(2)	4 Be 铍 9.012182(3)							
3	11 Na 钠 22.989770(2)	12 Mg 镁 24.3050(6)							
4	19 K 钾 39.0983(1)	20 Ca 钙 40.078(4)	21 Sc 钪 44.955910(8)	22 Ti 钛 47.867(1)	23 V 钒 50.9415	24 Cr 铬 51.9961(6)	25 Mn 锰 54.938049(9)	26 Fe 铁 55.845(2)	27 Co 钴 58.933200(9)
5	37 Rb 铷 85.4678(3)	38 Sr 锶 87.62(1)	39 Y 钇 88.90585(2)	40 Zr 锆 91.224(2)	41 Nb 铌 92.90638(2)	42 Mo 钼 95.94(2)	43 Tc 锝 97.907	44 Ru 钌 101.07(2)	45 Rh 铑 102.90550(2)
6	55 Cs 铯 132.90545(2)	56 Ba 钡 137.327(7)	57-71 La-Lu 镧系	72 Hf 铪 178.49(2)	73 Ta 钽 180.9479(1)	74 W 钨 183.84(1)	75 Re 铼 186.207(1)	76 Os 锇 190.23(3)	77 Ir 铱 192.217(3)
7	87 Fr 钫 223.02	88 Ra 镭 226.03	89-103 Ac-Lr 锕系	104 Rf 钅卢 261.11	105 Db 钅杜 262.11	106 Sg 钅喜 263.12	107 Bh 钅波 264.12	108 Hs 钅黑 265.13	109 Mt 鿏 266.13

镧系元素	57 La 镧 138.9055(2)	58 Ce 铈 140.116(1)	59 Pr 镨 140.90765(2)	60 Nd 钕 144.24(3)	61 Pm 钷 144.91
锕系元素	89 Ac 锕 227.03	90 Th 钍 232.0381(1)	91 Pa 镤 231.03588(2)	92 U 铀 238.02891(3)	93 Np 镎 237.05

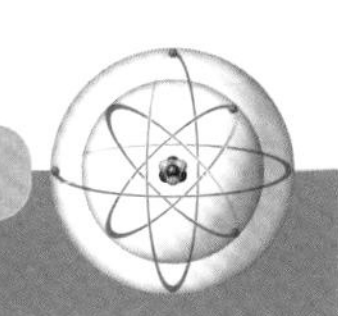

缩写。元素的全称在符号下方标出。元素框中的最后一项是原子量，是元素的平均原子量。

这些排列好的元素，科学家们将其垂直列称为族，水平行称为周期。

同一族中的元素其原子最外层中都具有相同数量的电子，并且具有相似的化学性质。周期表显示了随着原子内外层电子数量的增加逐渐变得稳定。当所有的电子层都被填满（第18族原子的所有电子层都被填满）时，将开始下一个周期。

锕系元素
稀有气体
非金属
类金属

ⅧB	ⅠB	ⅡB	ⅢA	ⅣA	ⅤA	ⅥA	ⅦA	ⅧA
								2 He 氦 4.002602(2)
			5 B 硼 10.811(7)	6 C 碳 12.0107(8)	7 N 氮 14.0067(2)	8 O 氧 15.9994(3)	9 F 氟 18.9984032(5)	10 Ne 氖 20.1797(6)
			13 Al 铝 26.981538(2)	14 Si 硅 28.0855(3)	15 P 磷 30.973761(2)	16 S 硫 32.065(5)	17 Cl 氯 35.453(2)	18 Ar 氩 39.948(1)
28 Ni 镍 58.6934(2)	29 Cu 铜 63.546(3)	30 Zn 锌 65.409(4)	31 Ga 镓 69.723(1)	32 Ge 锗 72.64(1)	33 As 砷 74.92160(2)	34 Se 硒 78.96(3)	35 Br 溴 79.904(1)	36 Kr 氪 83.798(2)
46 Pd 钯 106.42(1)	47 Ag 银 107.8682(2)	48 Cd 镉 112.411(8)	49 In 铟 114.818(3)	50 Sn 锡 118.710(7)	51 Sb 锑 121.760(1)	52 Te 碲 127.60(3)	53 I 碘 126.90447(3)	54 Xe 氙 131.293(6)
78 Pt 铂 195.078(2)	79 Au 金 196.96655(2)	80 Hg 汞 200.59(2)	81 Tl 铊 204.3833(2)	82 Pb 铅 207.2(1)	83 Bi 铋 208.98038(2)	84 Po 钋 208.98	85 At 砹 209.99	84 Rn 氡 222.02
110 Ds 鐽 (269)	111 Rg 轮 (272)	112 Cn 鎶 (277)	113 Uut * (278)	114 Fl 铁 (289)	115 Uup * (288)	116 Lv 鉝 (289)		118 Uuo * (294)

62 Sm 钐 150.36(3)	63 Eu 铕 151.964(1)	64 Gd 钆 157.25(3)	65 Tb 铽 158.92534(2)	66 Dy 镝 162.500(1)	67 Ho 钬 164.93032(2)	68 Er 铒 167.259(3)	69 Tm 铥 168.93421(2)	70 Yb 镱 173.04(3)	71 Lu 镥 174.967(1)
94 Pu 钚 244.06	95 Am 镅 243.06	96 Cm 锔 247.07	97 Bk 锫 247.07	98 Cf 锎 251.08	99 Es 锿 252.08	100 Fm 镄 257.10	101 Md 钔 258.10	102 No 锘 259.10	103 Lr 铹 260.11